全国职业院校"十二五"土建类专业系列规划教材

总主编◎张齐欣

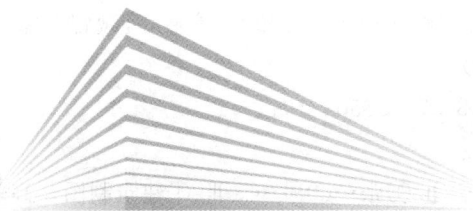

U0737223

建筑工程制图与识图习题集

JIANZHU GONGCHENG ZHITU YU SHITU XITIJI

主　编/张齐欣　段淑娅

副主编/黄　翔　王　萌

合肥工业大学出版社

图书在版编目(CIP)数据

建筑工程制图与识图习题集/张齐欣,段淑娅主编 . —合肥:合肥工业大学出版社,2014.8
(2019.9 重印)
ISBN 978 - 7 - 5650 - 1911 - 1

I.①建… Ⅱ.①张…②段… Ⅲ.①建筑制图—高等职业教育—习题集 Ⅳ.①TU204-44

中国版本图书馆 CIP 数据核字(2014)第 188035 号

建筑工程制图与识图习题集

张齐欣　段淑娅　主编　　　　　　　　责任编辑　张择瑞

出　版	合肥工业大学出版社	版　次	2014 年 8 月第 1 版
地　址	合肥市屯溪路 193 号	印　次	2019 年 9 月第 3 次印刷
邮　编	230009	开　本	889 毫米×1194 毫米　1/16
电　话	综合图书编辑部:0551 - 62903204	印　张	8
	市 场 营 销 部:0551 - 62903198	字　数	126 千字
网　址	www.hfutpress.com.cn	印　刷	安徽联众印刷有限公司
E-mail	hfutpress@163.com	发　行	全国新华书店

ISBN 978 - 7 - 5650 - 1911 - 1　　　　　　　　　　　定价：26.00 元

如果有影响阅读的印装质量问题,请与出版社市场营销部联系调换。

总　序

当前，职业教育正处在逐步规范、有序、快速发展时期，国家已经颁布高职院校专业标准，中职院校的专业标准也行将出台，各省紧随其后，专业教学标准和教学指导方案呼之欲出，课程标准也在逐步制订、修改和完善中。教材作为职业教育改革的重要工具，其教学地位也越来越引起职业院校的高度重视。

建筑业作为我国国民经济的支柱产业，建筑类职业人才培养问题显得尤为突出。作为一种劳动密集型产业，建筑业本身就存在人员流动大、技能和整体素质偏弱的结构性缺陷。随着计划经济向市场经济的转变，建筑类企业也热衷将更多的精力用于从事生产和经营，人才培养问题往往被边缘化，当发展到一定规模，缺乏技能操作型、高层次和复合型人才常常成为制约企业发展的瓶颈。美国管理大师德鲁克就认为："所谓企业管理最终就是人力管理，人力管理就是企业管理的代名词。"可以说，从业人员素质的高低，直接影响到建筑产品质量的最终形成；支撑企业发展和壮大的核心，最终还是人才的力量。因此，在人才强企已成共识的背景下，职业能力的培养显得越来越重要。

近年来，全国建筑类职业院校积极探索教育教学改革，不断创新教育教学模式，采取"走出去、请进来"的办法，开展"工学结合、校企合作"，建立"双师素质"教师队伍，改革传统教学方法，广泛采用项目化教学、案例教学、多媒体教学、现场教学、仿真教学等手段，促进学生综合职业能力的提高，努力实现学生"零距离"上岗。

依据《国家中长期人才发展规划纲要（2010—2020年）》、教育部和住建部《关于实施职业院校建设行业技能型紧缺人才培养培训工程的通知》等文件的有关要求，结合国家相关专业教学指导方案，我们组织国内长期从事土建类职业教育的专家、一线专业教师和建设行业从业人员编写了本套教材。系列教材采用"以就业为导向、以能力为本位、以提高综合素质为目的"的教育理念，按照"需求为主、够用为度、实用为先"的原则进行编写。

系列教材的主要特点是：（1）改革了传统的以知识传授为主的编写方式，结合工程实际，采用"教材内容模块化、教学方式项目化"，即以工程项目、工作任务、工作过程、职业岗位、职业范围、职业拓展为主线进行编写，突出"做中学、学中做、做中教"的职业特色，充分体现"以教师为引导、学生为主体"的原则，以实现三大目标：知识目标、能力目标、素质目标。（2）教材的编写还注重结合现行专业标准、专业规范要求，内容上注重体现"新技术、新方法、新设备、新工艺、新材料"。（3）教材结构体系上注重实现"专业与产业、企业、岗位对接；课程内容与职业标准对接；教学过程与生产过程对接；学历证书与职业资格证书对接；职业教育与终身学习对接"的新教学理念，最终落脚点是促进学生的职业生涯发展，适应新经济环境下的职业教育发展大趋势。（4）本系列教材设计新颖、内容生动，由浅入深、循序渐进，采用图表结合的方式，直观明了、形象具体和贴近实际，易于教学和自学。

该套系列教材在理论体系、组织结构和表现形式方面均作了一些新的尝试，以满足不同学制、不同专业、各类建筑类培训和不同办学条件的教学需要。同时，该系列教材的出版，希望能为全国土建类职业院校的发展和教学质量的提高以及人才培养产生积极的作用，为我国经济建设和人才培养做出应有的贡献，也希望有关专家、学者以及广大读者多提宝贵意见和建议，使之不断完善和提高。

张齐欣

2014年7月

前　言

　　本习题集是与《建筑工程制图与识图》教材配套使用，为了方便教学，习题集的编排顺序与配套的教材体系保持一致，内容紧扣教材，力求做到选题典型、难度适宜。本习题集注重基本理论和基本技能要求；同时，为贯彻因材施教的原则，满足各专业和不同学时的要求，所编习题有一定的余量，以供教师取舍。

　　本习题集在编写内容上，采用由浅入深、由简到繁的训练方式，选择的习题图样结合工程实际，以达到消化巩固教学内容，训练基本技能，逐步提高施工图识读和绘图能力的目的。练习时要求做到线型标准、字体端正、标写清楚、图面整洁。

　　习题集的作业方式有两种：一是直接在习题集上作图、解题；二是自备图纸手工绘图，以培养学生的识图能力和绘图技能，为后续专业课的学习奠定基础。

　　本书由安徽建工技师学院、安徽建设学校张齐欣、段淑娅担任主编，副主编为安徽建工技师学院、安徽建设学校黄翔、王萌，参编人员有：安徽建工技师学院、安徽建设学校陈陆龙、王玉平、张晨辰等。在编写的过程中，编者参考了相关文献和资料，在此向这些文献和资料及书籍的作者表示真诚的感谢。

　　由于编者水平有限，不足之处在所难免，敬请使用本习题集的广大读者批评指正。

编　者

2014年7月

目　　录

1. 已知点A在直线MN上，求点A在P面上的投影。

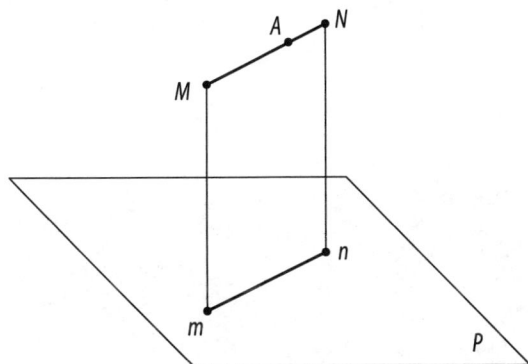

2. 已知直线AB平行于平面P，求直线AB在P面上的投影。

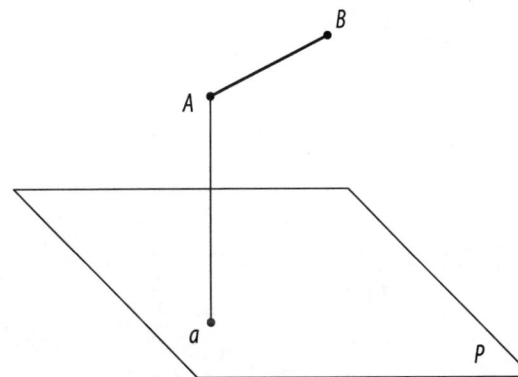

3. 已知三角形ABC平行于平面P，求三角形ABC在P面上的投影。

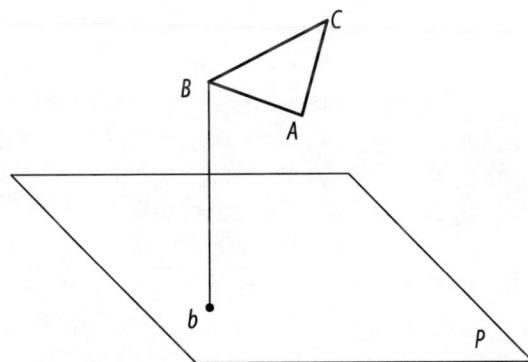

4. 已知ABCD为平行四边形，试补全平行四边形在P面上的投影。

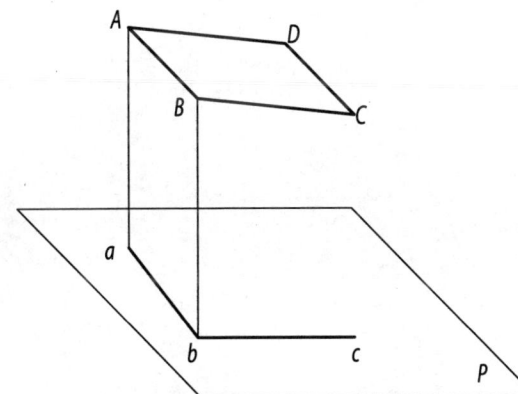

模块一　投影的基本原理	班级		姓名		学号		成绩	

1. 根据各点的立体图，画出三面投影图，填写各点到投影面的距离，并判断各点的空间位置。

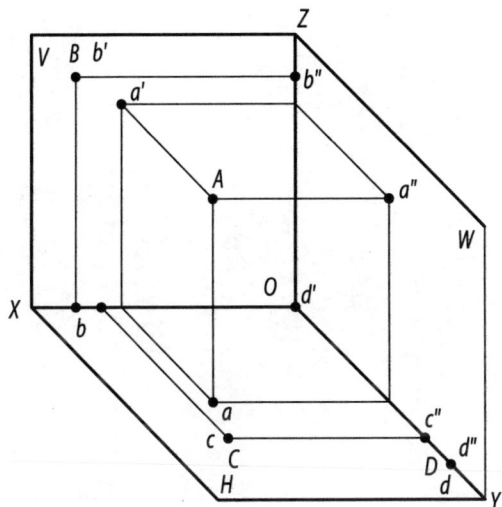

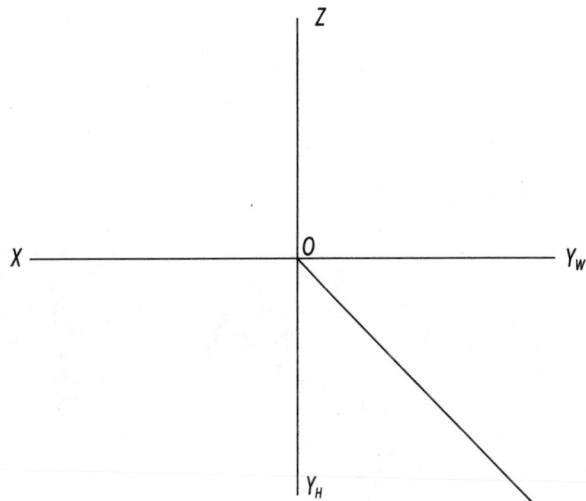

单位：mm

	距H面	距V面	距W面	空间位置
A				
B				
C				
D				

2. 已知A（25，0，15）、B（20，15，25）、C（10，5，10）的坐标，求作立体图和投影图。

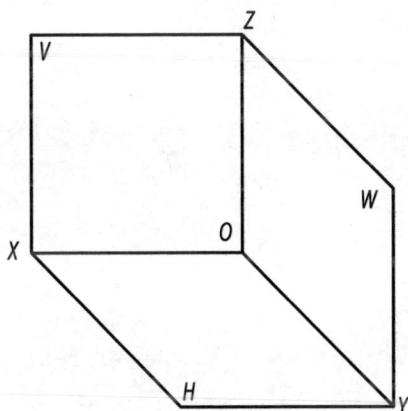

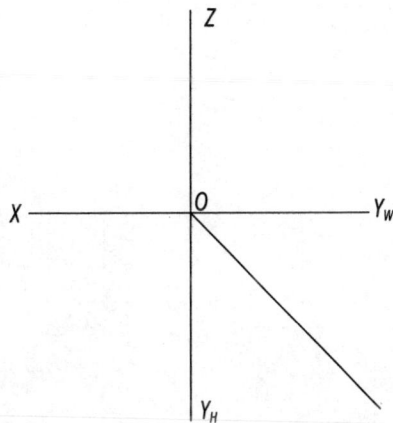

3. 已知各点的两面投影，求作第三投影和立体图。

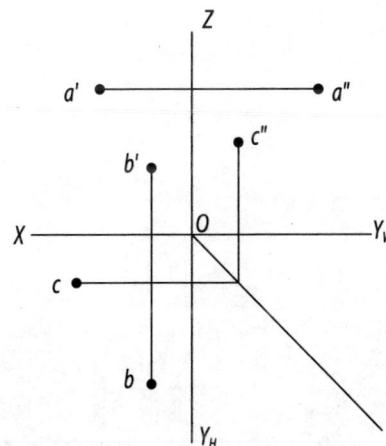

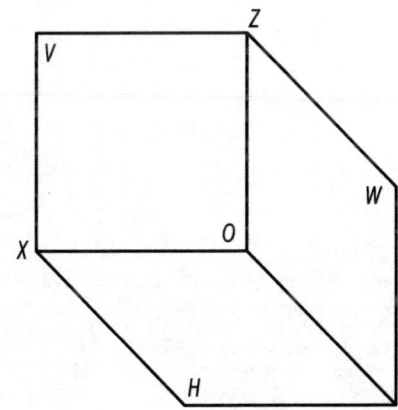

4. 已知A、B、C各点对投影面的距离，作各点的三面投影。

单位: mm

	距H面	距V面	距W面
A	20	10	15
B	0	20	0
C	30	0	25
D	5	10	0

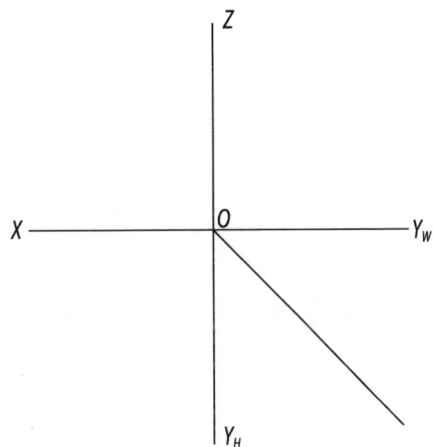

5. 已知A（10，0，0）、B（20，25，0）、C（20，0，25），完成三面投影。

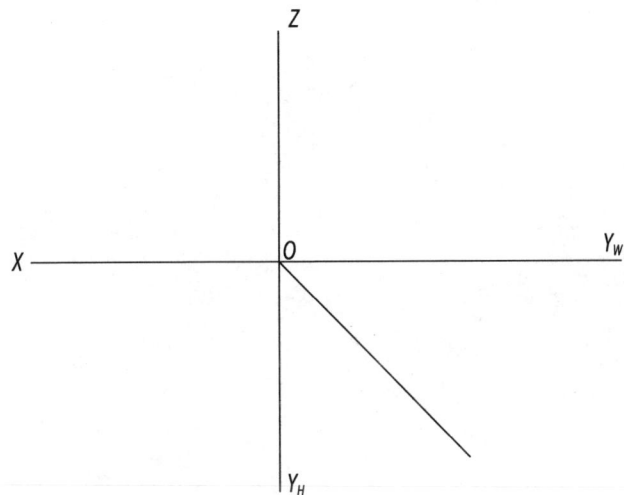

6. 已知A、B、C三点的两面投影，试补全其第三面投影。

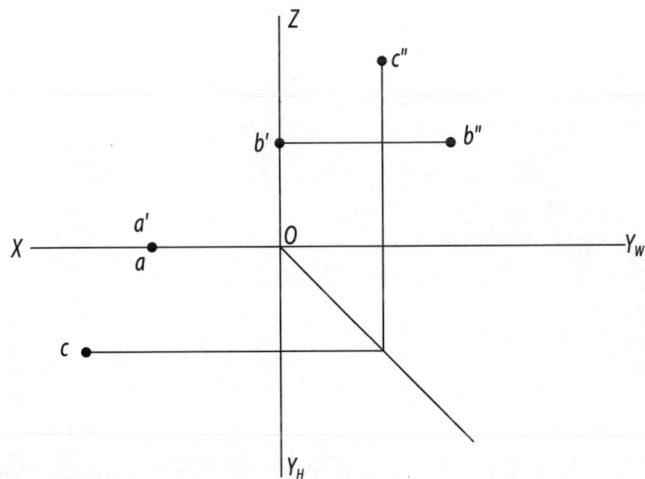

7. 已知A、B、C三点的两面投影，试补全其第三面投影。

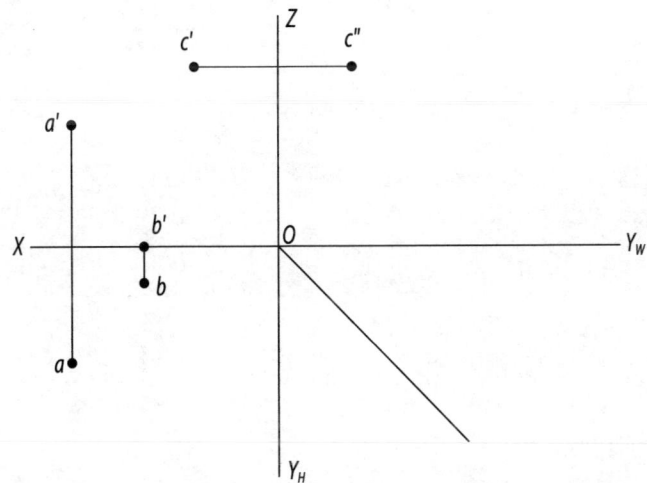

模块一　点的投影训练（二）

班级　　姓名　　学号　　成绩

8. 已知点A的坐标是（30，10，15），点B在点A的上面10，左面5，后面15处，试作出A、B两点的三面投影图。

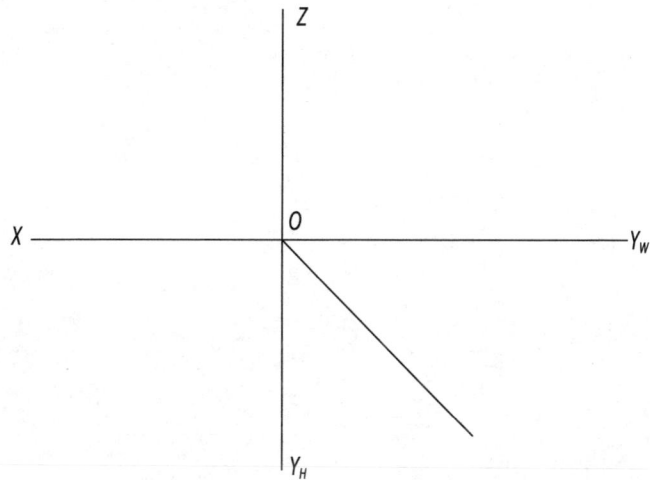

9. 已知点B在点A的正下方H面上，点C在点A的正左方15mm。求点B、C两点的投影，并判别重影点的可见性。

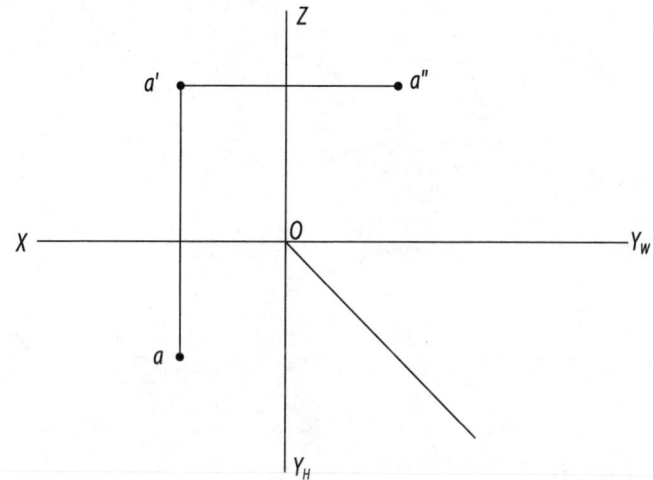

10. 已知A、B的两面投影，求作第三面投影，并判断两点的相对位置。

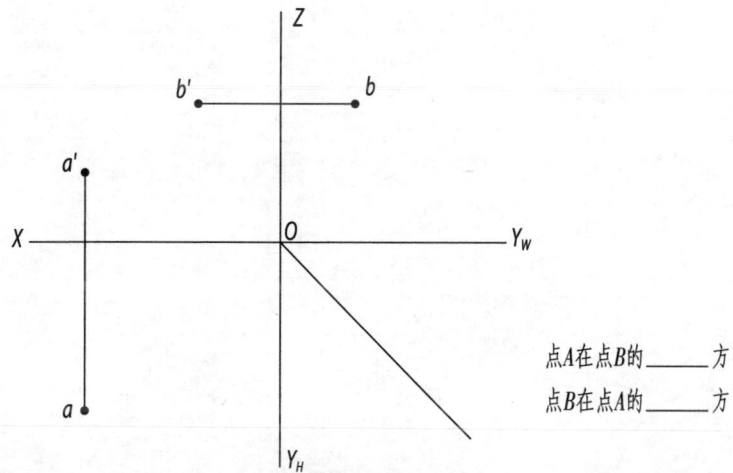

点A在点B的 _____ 方

点B在点A的 _____ 方

11. 已知A距V面10mm和a'，点B距V面20mm，距H面10mm，并且A、B两点的水平投影相距25mm，求a和点B的三面投影。

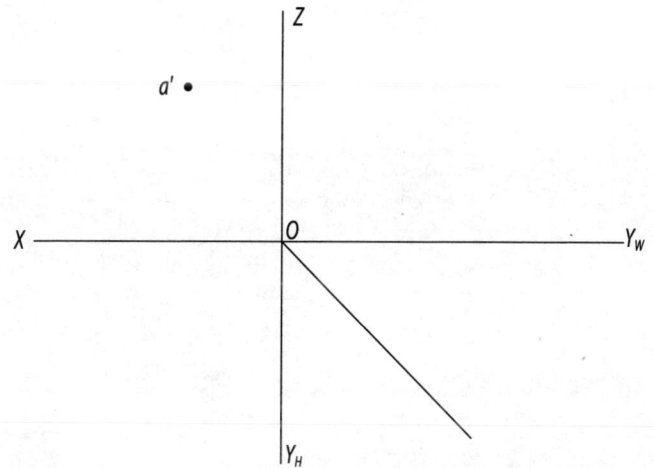

模块一　点的投影训练（三）

班级		姓名		学号		成绩	

12. 已知形体的立体图和投影图，将图中所示的各点标注在投影图上的相对位置，并判断重影点的可见性。

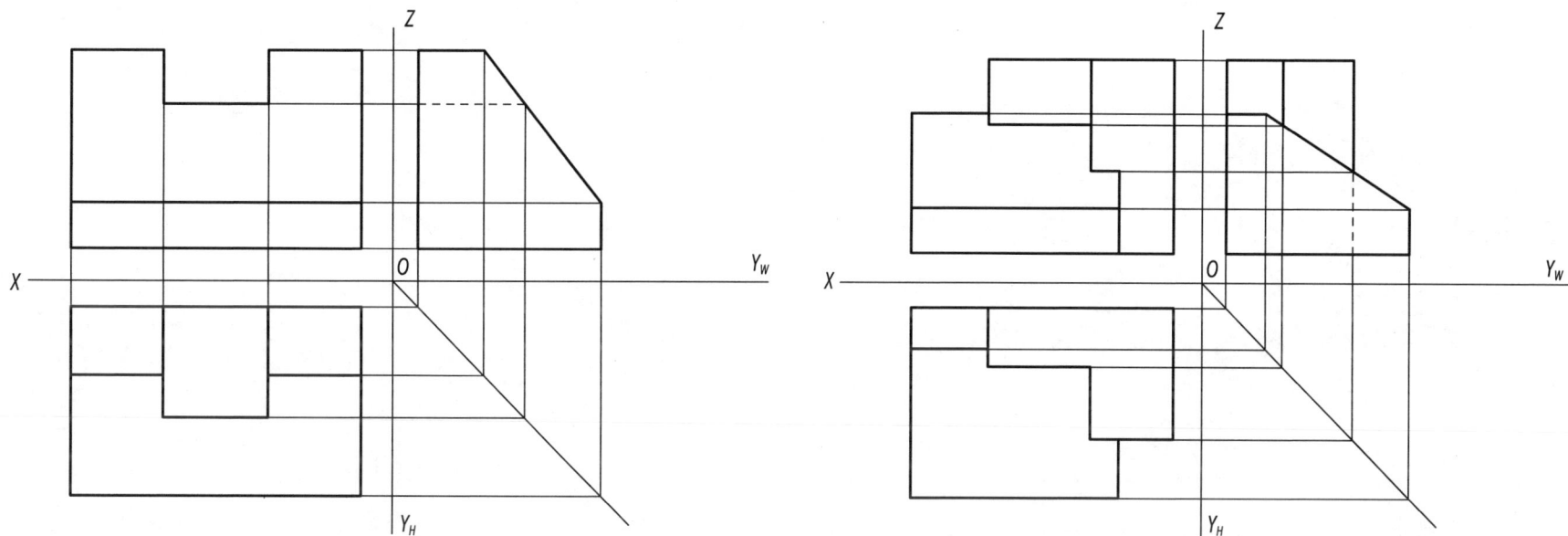

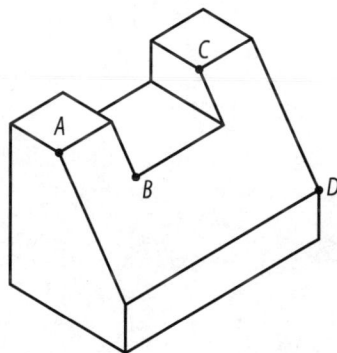

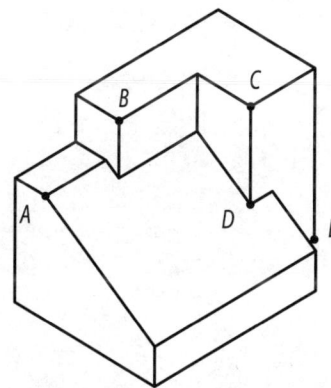

班级		姓名		学号		成绩	

1. 已知各直线的投影图或立体图，试判断其位置，并将其填在横线上。

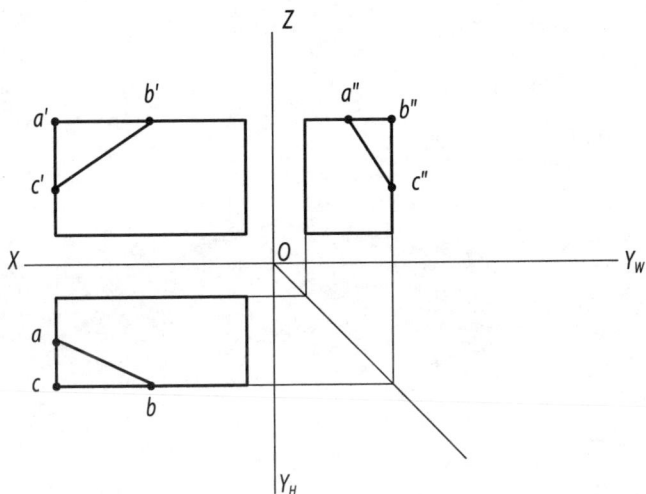

AB是_____线

AC是_____线

BC是_____线

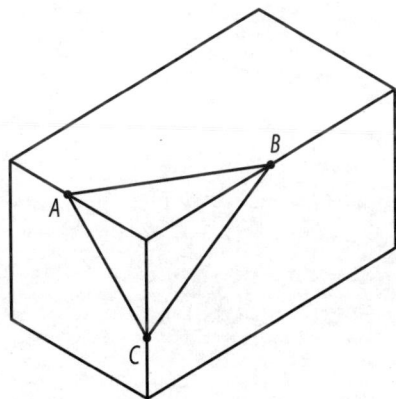

2. 根据形体直观图和投影图上直线的投影，判别直线对投影面的相对位置。

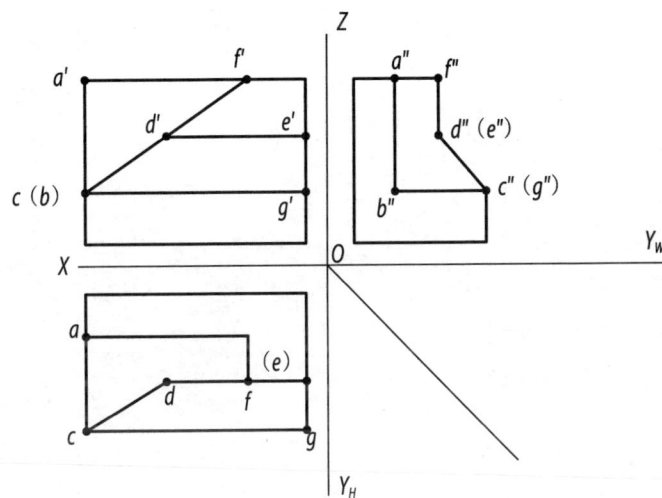

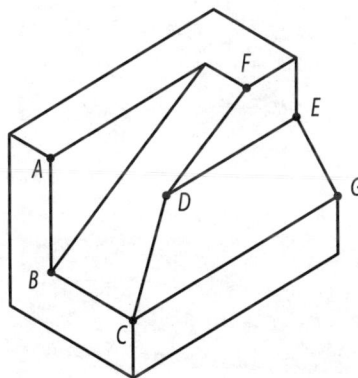

AB是_____线

BC是_____线

CD是_____线

CG是_____线

DF是_____线

EG是_____线

模块一 直线的投影训练(一)	班级	姓名	学号	成绩

3. 补全下面直线的三面投影，并判读其相对投影面的位置。

（1）

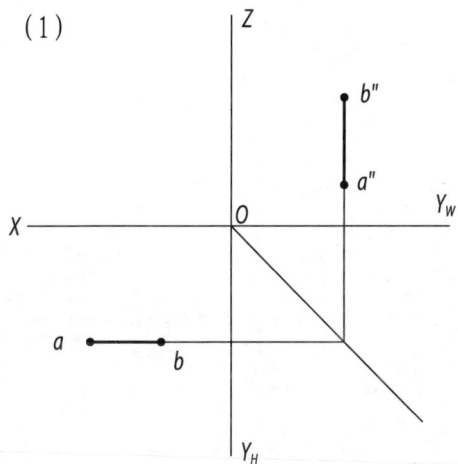

AB是_____线

（2）

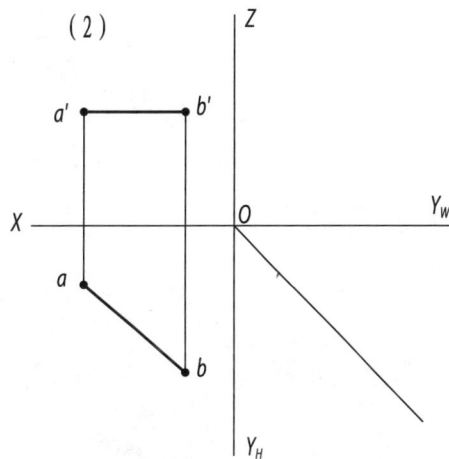

AB是_____线

（3）

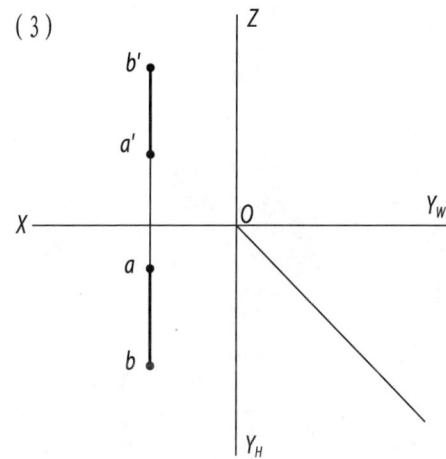

AB是_____线

（4）

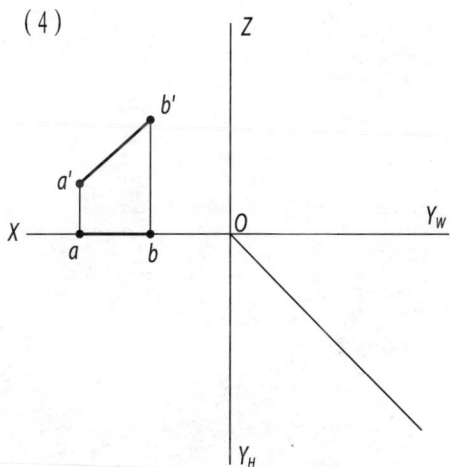

AB是_____线

（5）

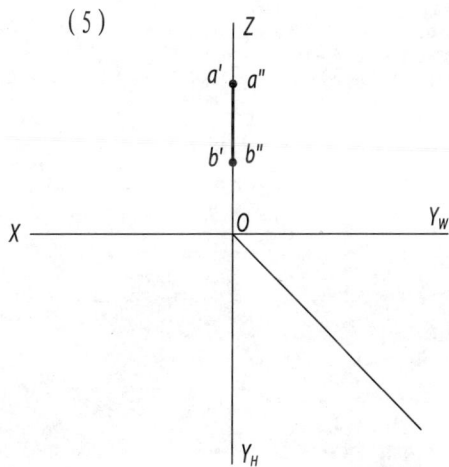

AB是_____线

（6）

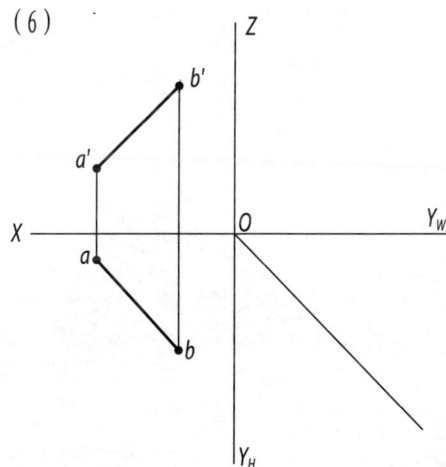

AB是_____线

模块一　直线的投影训练（二）	班级		姓名		学号		成绩	

4. 已知直线CD端点C的投影，CD长20mm，且垂直于V面，求其投影。

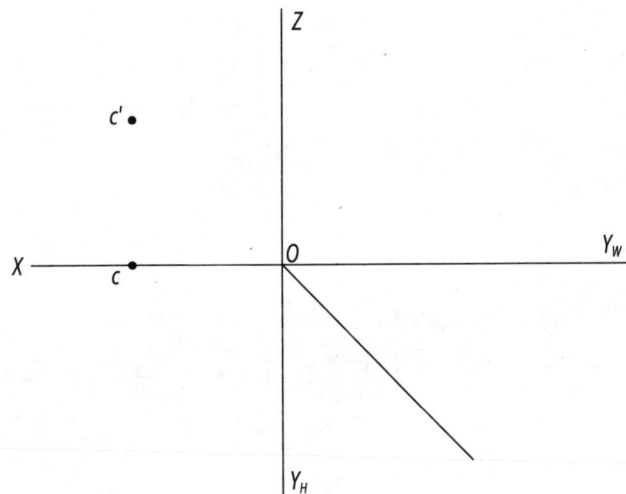

Z

c' •

X ———————————— O ———————————— Y_W
       c •

Y_H

5. 已知EF平行于V面，E、F离H面分别为5mm和15mm，求其投影。

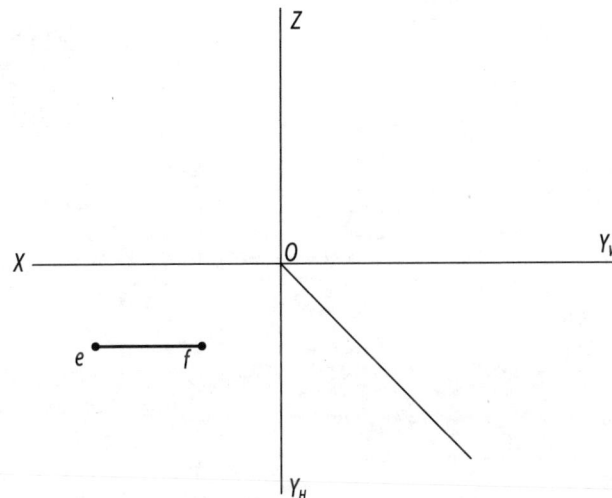

Z

X ———————————— O ———————————— Y_W

e •———————• f

Y_H

6. 已知直线CD及点E、F的两个投影，试求其第三面的投影。

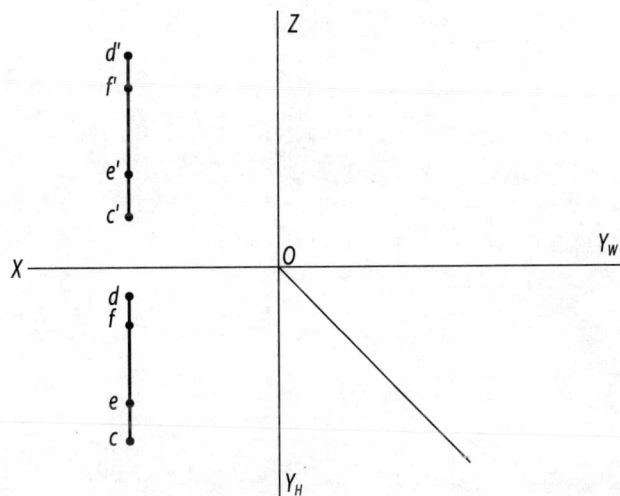

Z

d' •
f' •
e' •
c' •

X ———————————— O ———————————— Y_W

d •
f •
e •
c •

Y_H

7. 已知点E、F在直线AB上，试补全直线和点的投影。

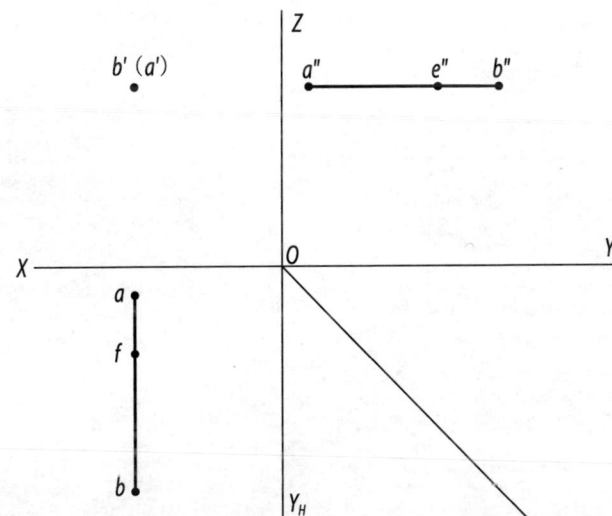

Z

$b'(a')$ • a'' •————•e''————• b''

X ———————————— O ———————————— Y_W

a •
f •
b •

Y_H

模块一　直线的投影训练（三）　　班级　　姓名　　学号　　成绩

7. 补全下面直线的三面投影，并判断其相对投影面的位置。

(1)

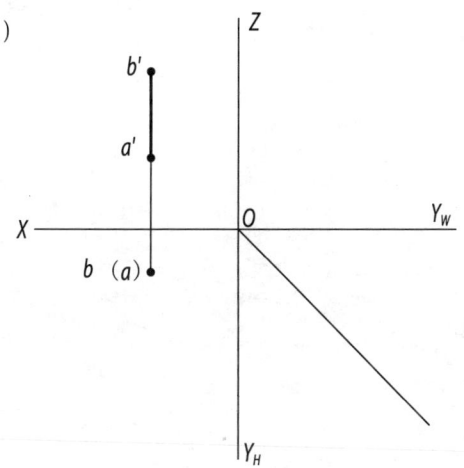

AB是_____线

(2)

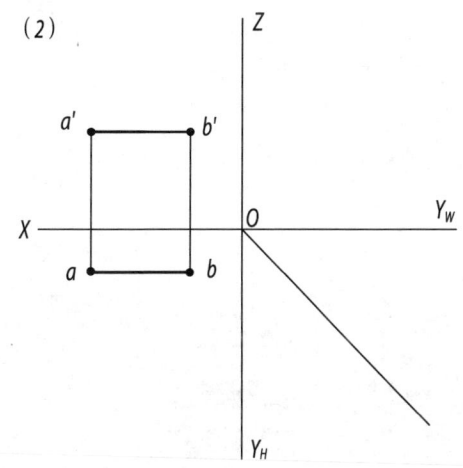

AB是_____线

(3)

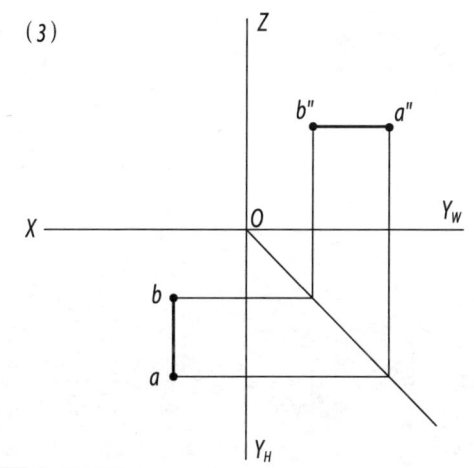

AB是_____线

8. 求作直线AB、BC、AC的H面投影。

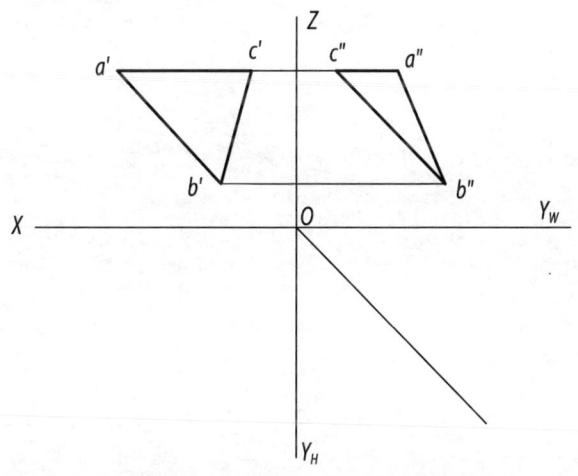

9. 求作直线AB、BD、AC、CD的V面投影。

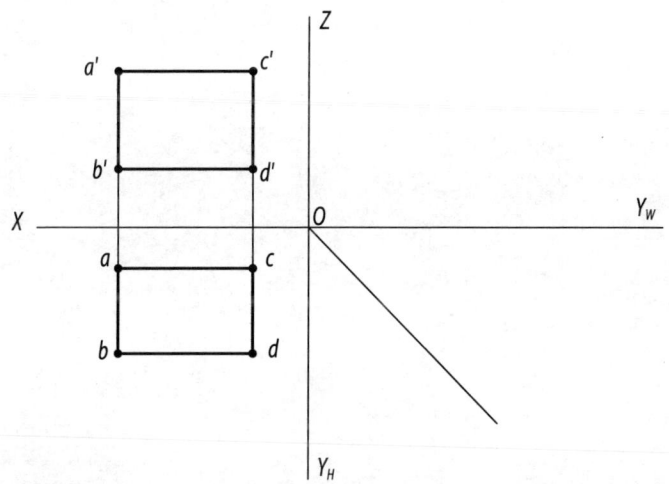

| 模块一　直线的投影训练（四） | 班级 | | 姓名 | | 学号 | | 成绩 | |

1. 已知平面的两面投影，试补全其第三面投影，并判断其空间位置。

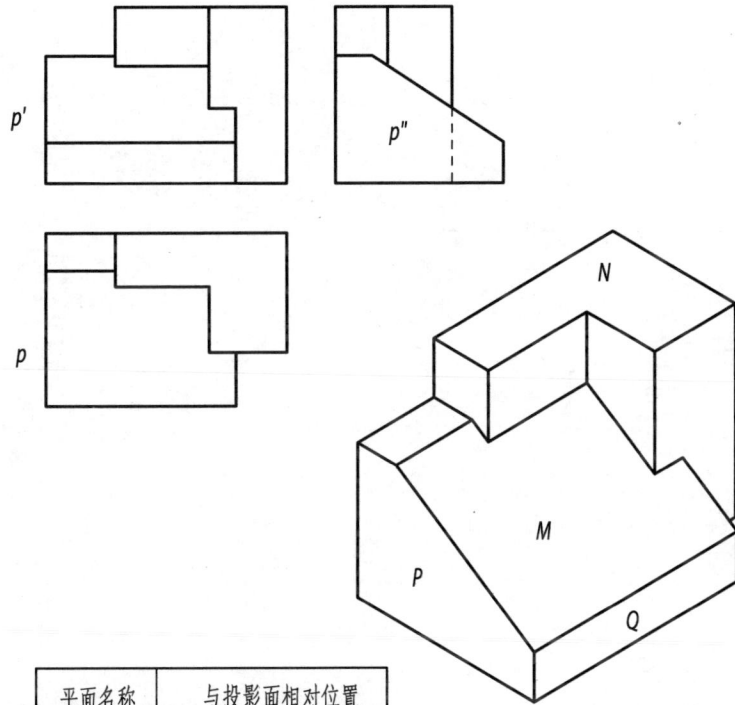

平面名称	与投影面相对位置
M	
N	
P	
Q	

2. 已知平面的两面投影，试补全其第三面投影。

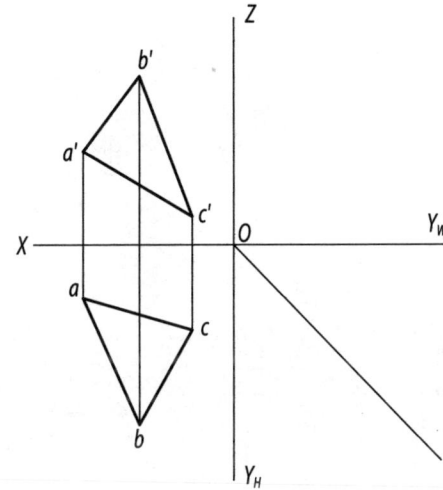

3. 已知平面的两面投影，试补全其第三面投影。

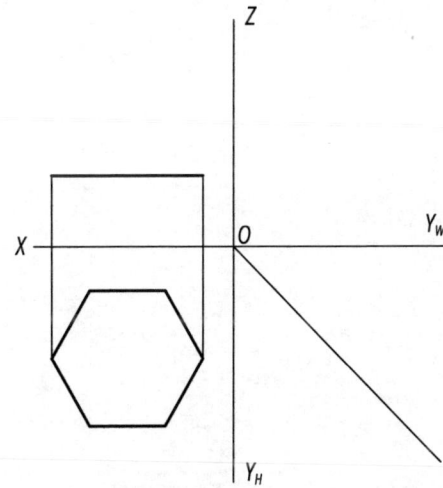

模块一　平面的投影训练（一）

| 班级 | | 姓名 | | 学号 | | 成绩 | |

4. 已知平面的两面投影，试补全其第三面投影，并判断其空间位置。

（1）

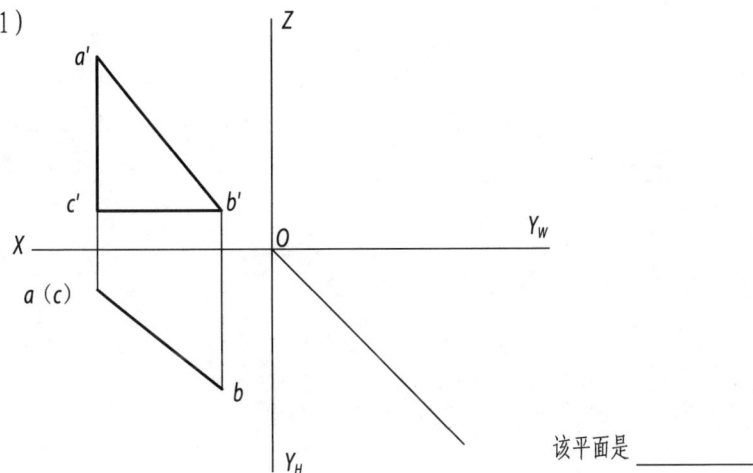

该平面是 _____

（2）

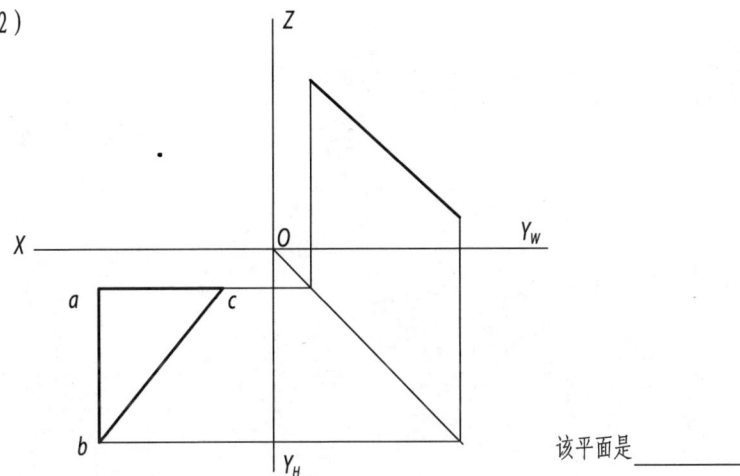

该平面是 _____

（3）

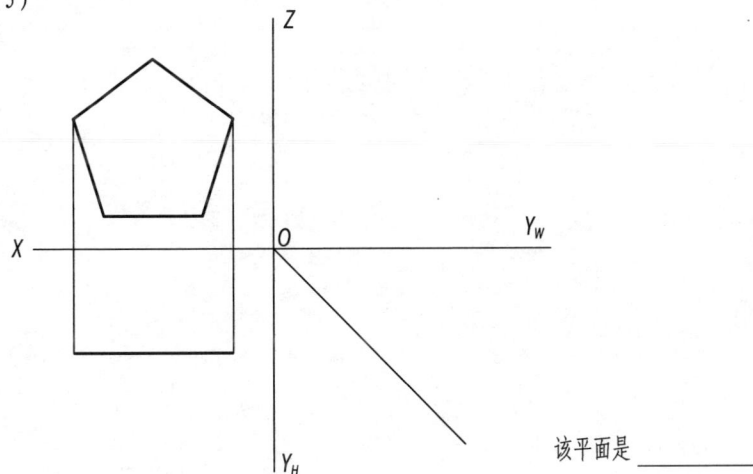

该平面是 _____

（4）

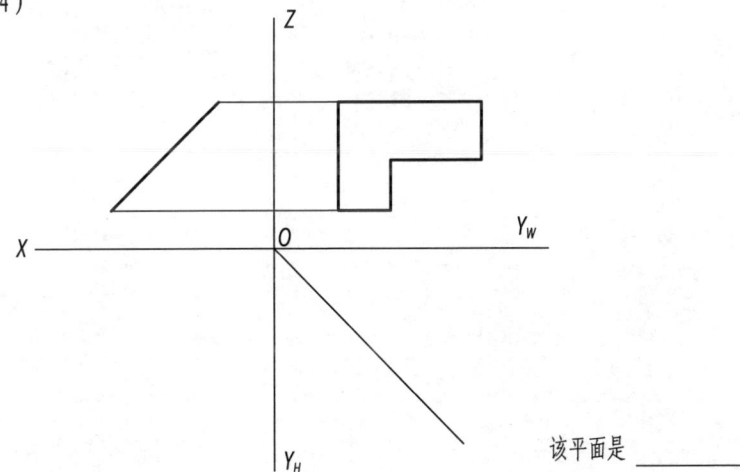

该平面是 _____

| 模块一　平面的投影训练（二） | 班级 | | 姓名 | | 学号 | | 成绩 | |

1. 根据立体图，补全平面立体的三面投影。

（1）

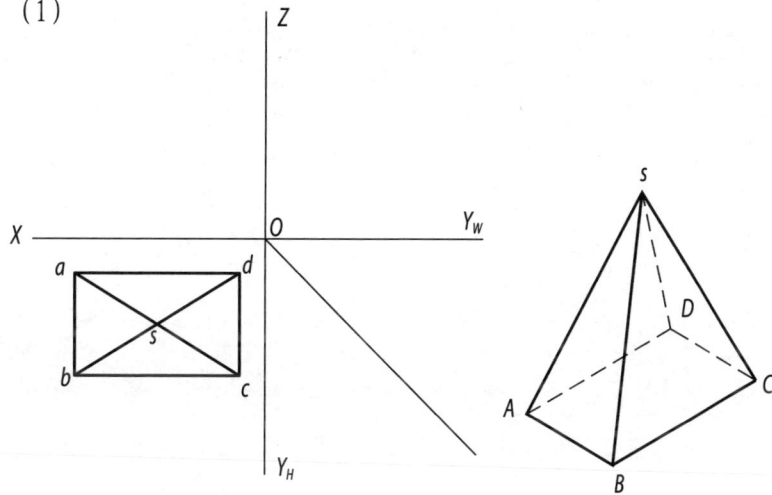

（2）

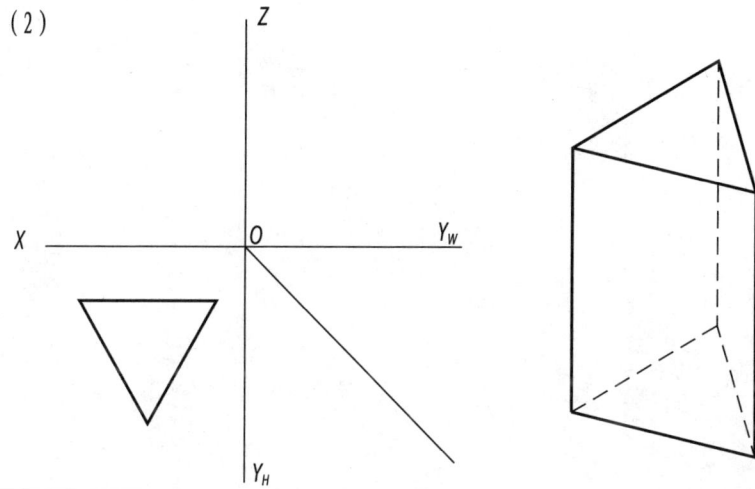

（3）

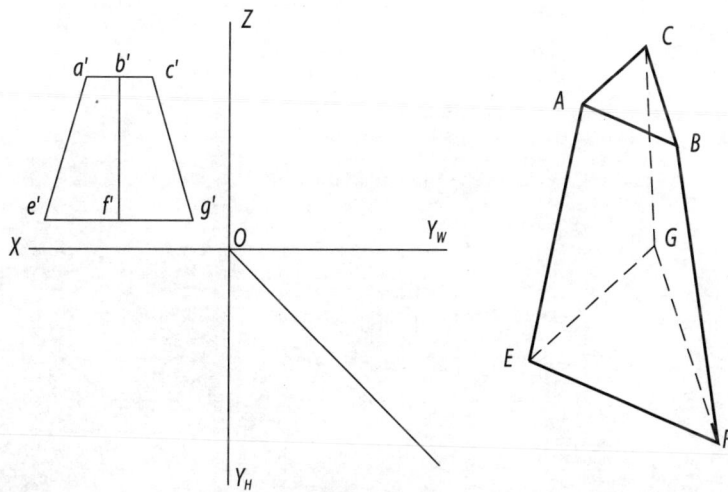

2. 已知正六棱柱底边长为20mm，高为30mm，作出其三面投影。

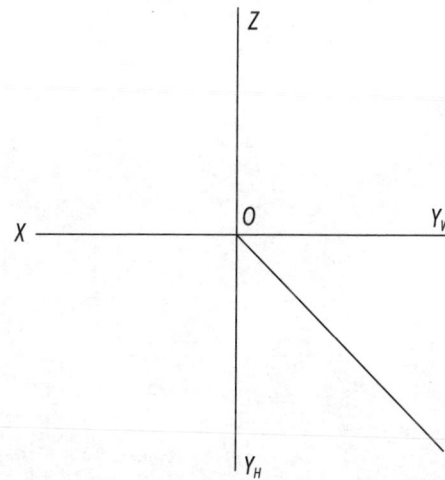

| 模块一 基本形体的投影训练（一） | 班级 | | 姓名 | | 学号 | | 成绩 | |

3. 作出五棱柱的水平投影。

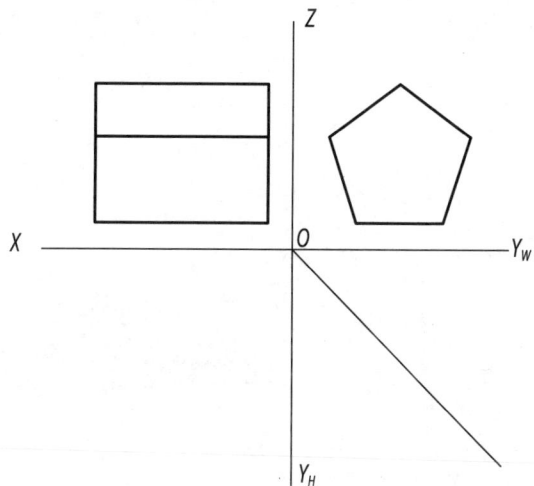

Z

X —————————— O —————————— Y_W

Y_H

4. 已知五棱柱高20mm，底面与H面平行且距离为4mm，求作五棱柱的投影。

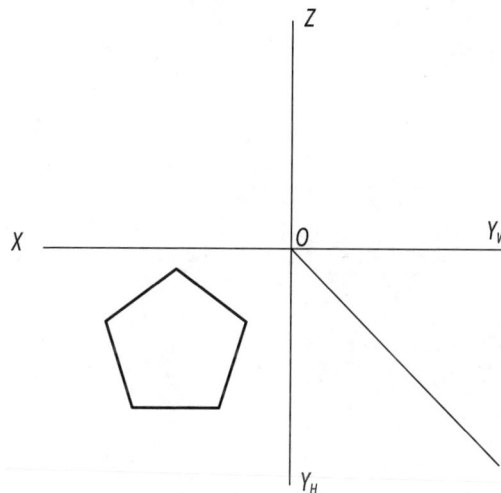

Z

X —————————— O —————————— Y_W

Y_H

5. 已知正四棱锥底边边长20mm，高20mm，底面与H面平行，距离为3mm，且有一底边与V面成45度，求作该棱棱锥的三面投影。

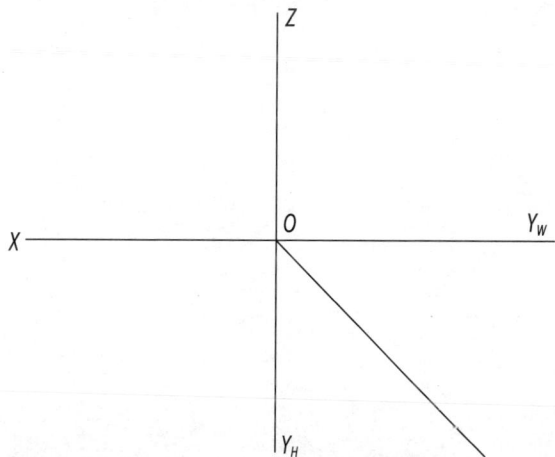

Z

X —————————— O —————————— Y_W

Y_H

6. 已知正三棱柱底面边长为20mm，高25mm，底面与H面平行，距离为2mm，且有一底边平行于V面，求作三棱柱的三面投影。

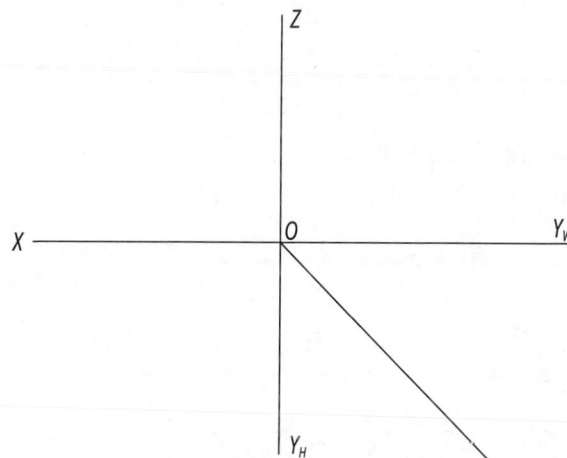

Z

X —————————— O —————————— Y_W

Y_H

| 模块一　基本形体的投影训练（二） | 班级 | | 姓名 | | 学号 | | 成绩 | |

任务指导

任务一　图线训练

1. 目的

　　了解图线的线性、线宽的表达方，式掌握常用建筑材料图例的表达。

2. 内容

　　2.1　根据作业图样中图形的大小（包括标注尺寸的位置），在图上合理布局。

　　2.2　图名：图线训练。

3. 要求

　　3.1　根据作业图样，在A3幅（297mm×420mm）绘制。

　　3.2　比例：1：1比例抄绘，合理布置图面。

　　3.3　线型：同类图线规格一致（粗细、短线长度及间隔等），粗、中、细线型分明，图线标准粗度 b 约0.7mm。

　　3.4　字体：图名字高10mm，姓名、专业名等说明文字高5mm，尺寸数字高3.5mm。书写前要轻画字格控制汉字字高，先轻画导线控制数字、字母的字高。

　　3.5　图纸总要求：投影正确，布图匀称，图面整洁，线型清晰分明，尺寸标注正确，字体工整。

4. 作业提示

　　4.1　布置图样时，各图之间要留有足够标注尺寸的位置。

　　4.2　标注尺寸时，应以尺寸标注规则以及配置适当为原则，来考虑图样的尺寸配置。

模块二　房屋建筑制图规范训练	班级		姓名		学号		成绩	

1. 将下图按照1：1的比例画在横放的A3图纸上，并标注尺寸。

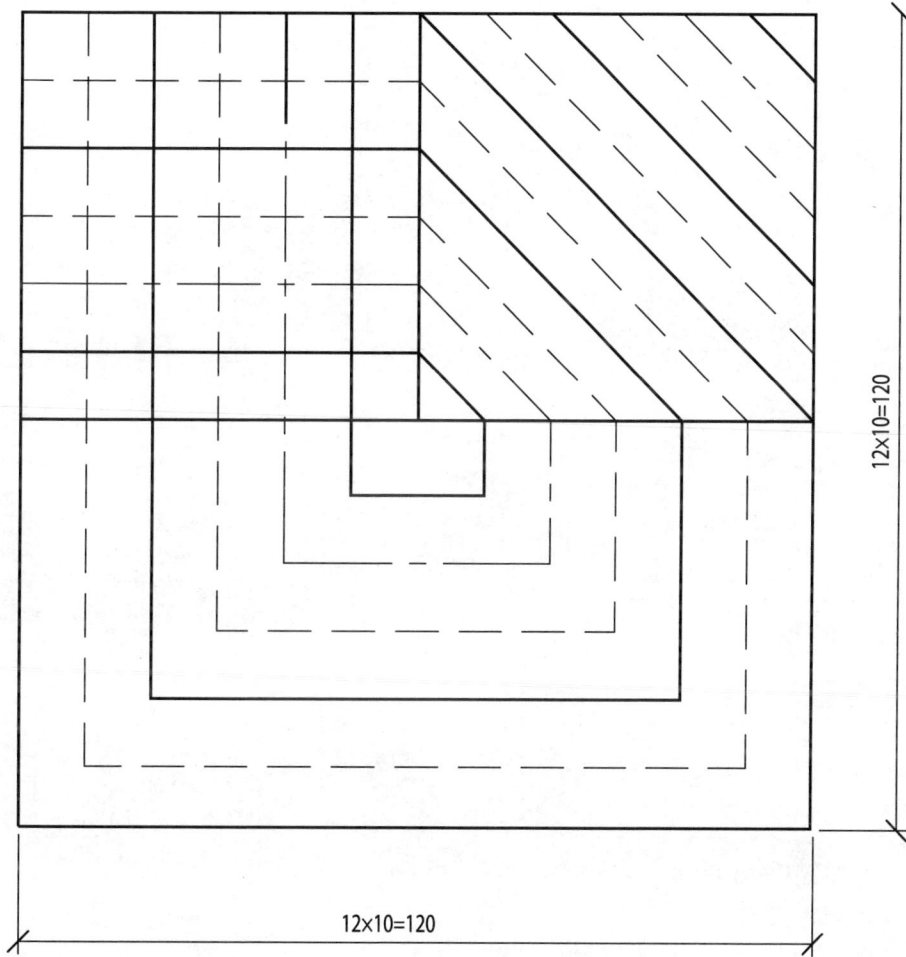

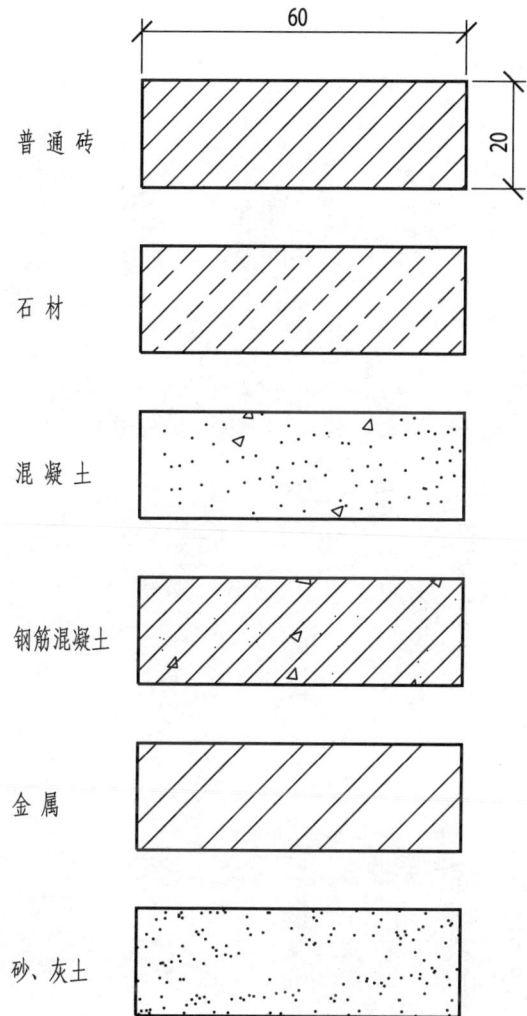

60

普通砖

20

石材

混凝土

钢筋混凝土

金属

砂、灰土

12×10=120

12×10=120

| 模块二 房屋建筑制图规范训练（一） | 班级 | | 姓名 | | 学号 | | 成绩 | |

2. 根据指定比例，在图样上标注尺寸。

（1）

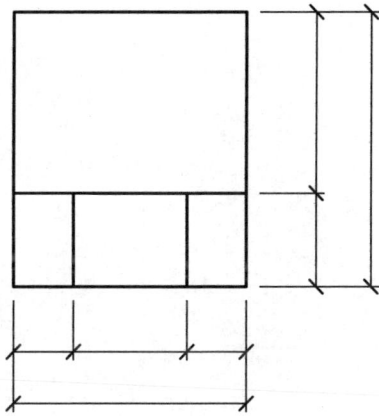

1：5

（2）

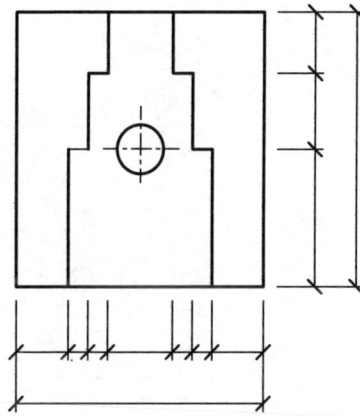

1：3

（3）

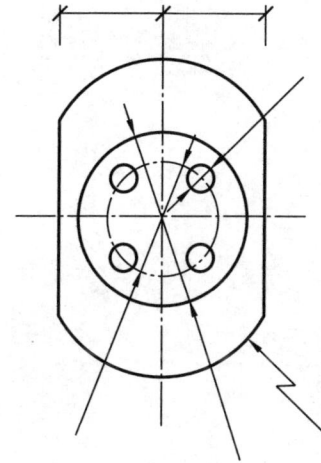

1：10

（4）

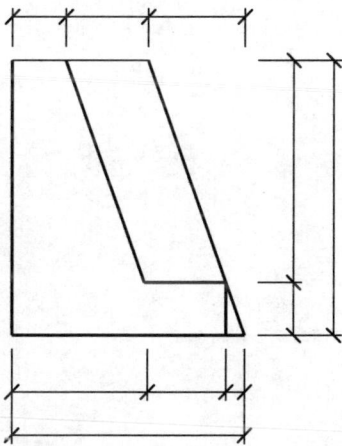

2：1

（5）

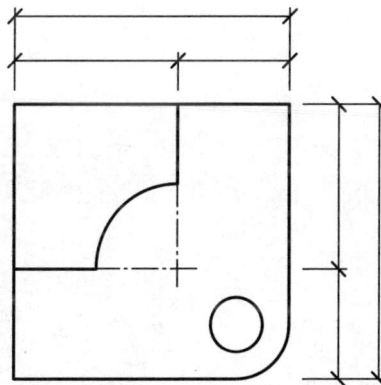

1：50

（6）

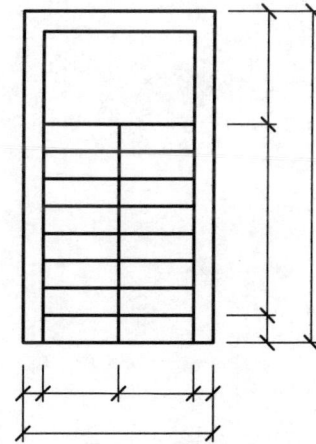

1：100

| 模块二　房屋建筑制图规范训练（二） | 班级 | | 姓名 | | 学号 | | 成绩 | |

1. 按照投影规律，将下列相对应的立体图和三视图编上相同的编号。

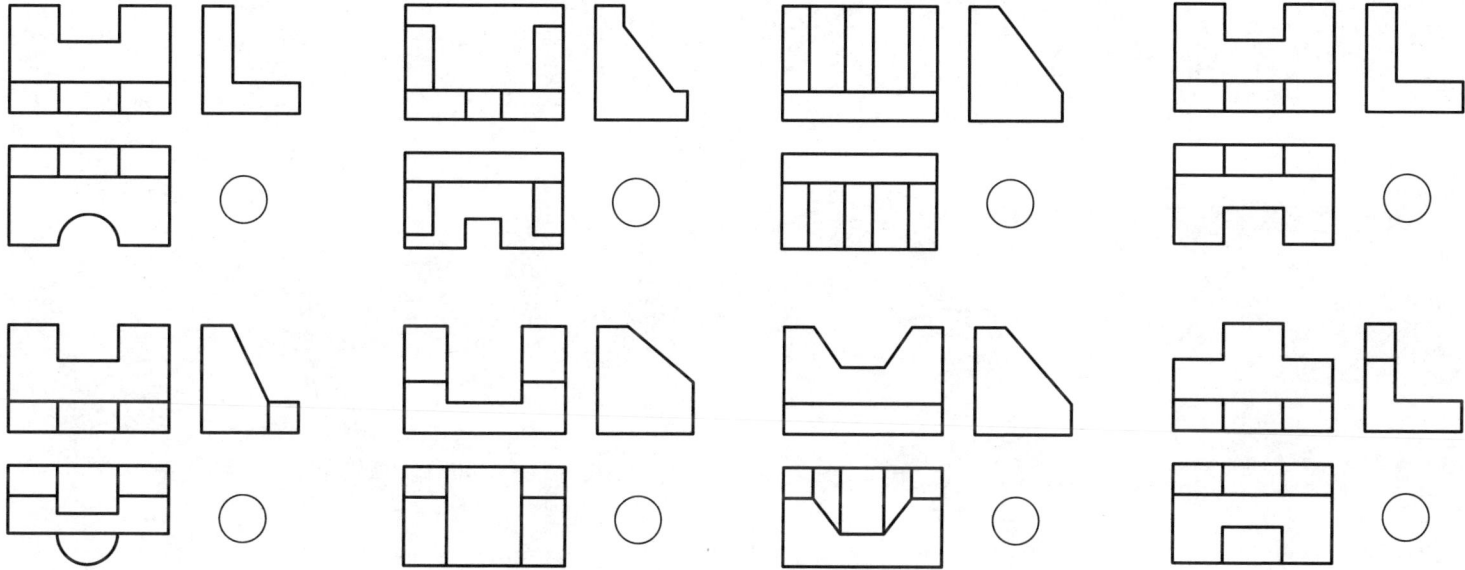

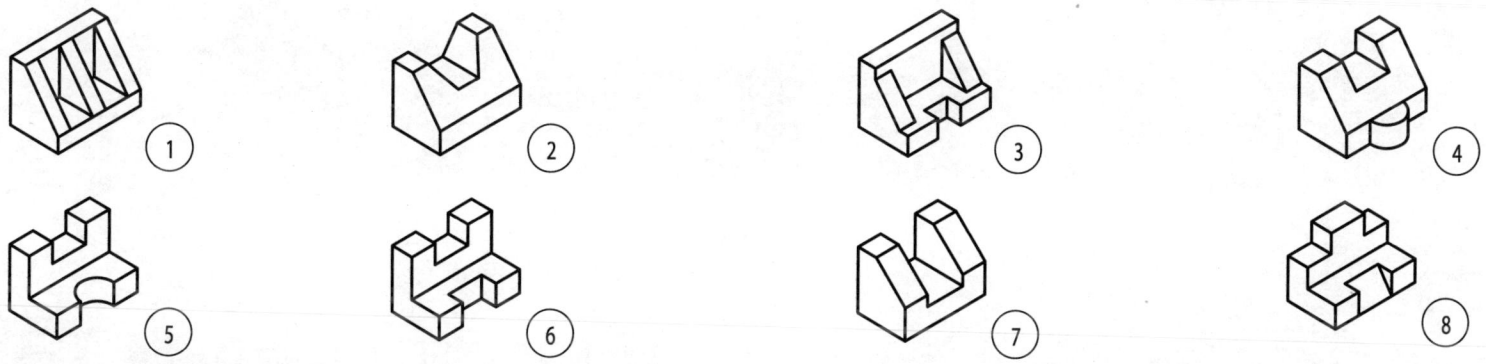

模块三　组合体的投影（一）

班级		姓名		学号		成绩	

2. 根据轴测图，画出组合体的三面投影（尺寸在图上直接量取，并取整数）。

（1）

（2）

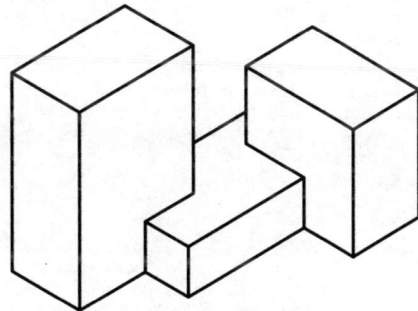

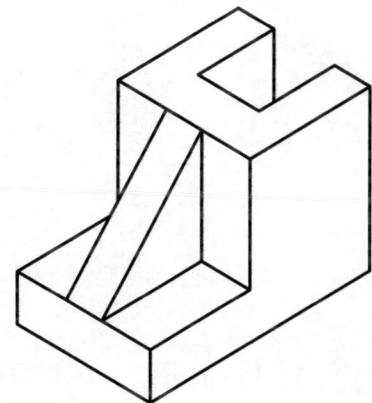

模块三　组合体的投影（二）	班级		姓名		学号		成绩	

（3）

（4）

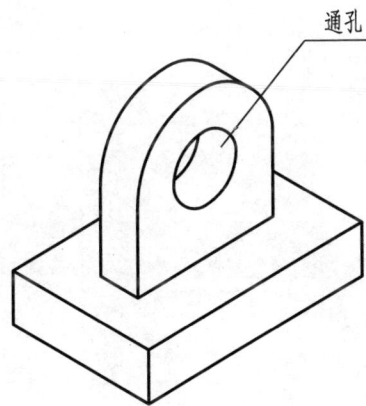

通孔

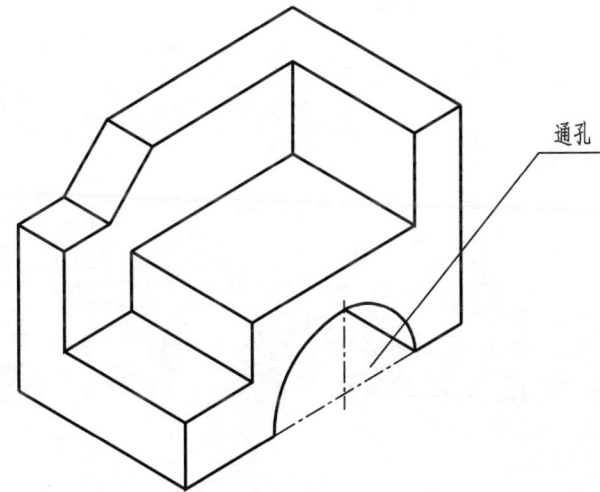

通孔

模块三　组合体的投影（三）	班级		姓名		学号		成绩	

3. 根据轴测图，画出组合体的三面投影（按照图中所示比例进行绘制）。

（1）

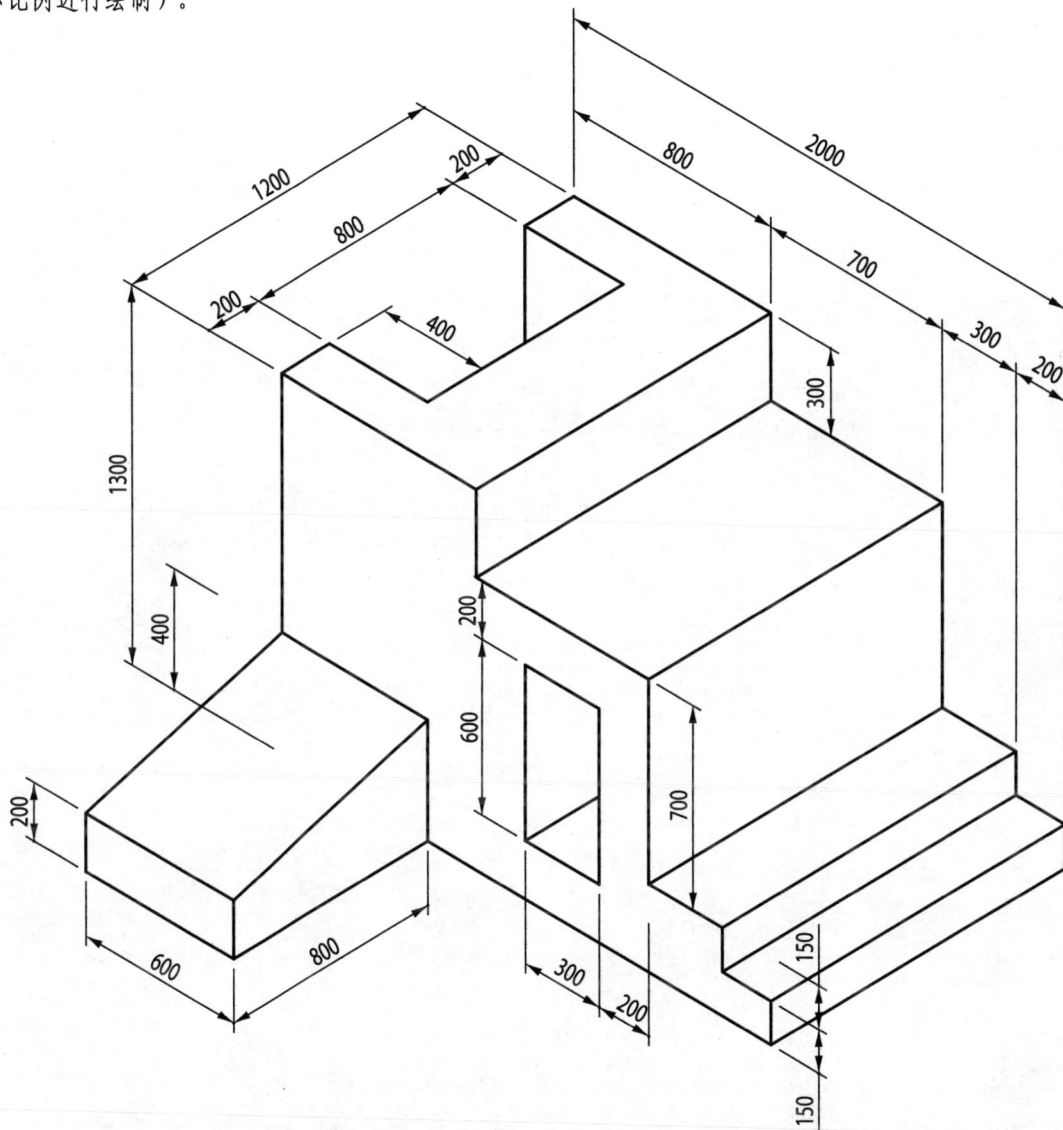

50 : 1

| 模块三　组合体的投影（四） | 班级 | 姓名 | 学号 | 成绩 |

(2)

2:1

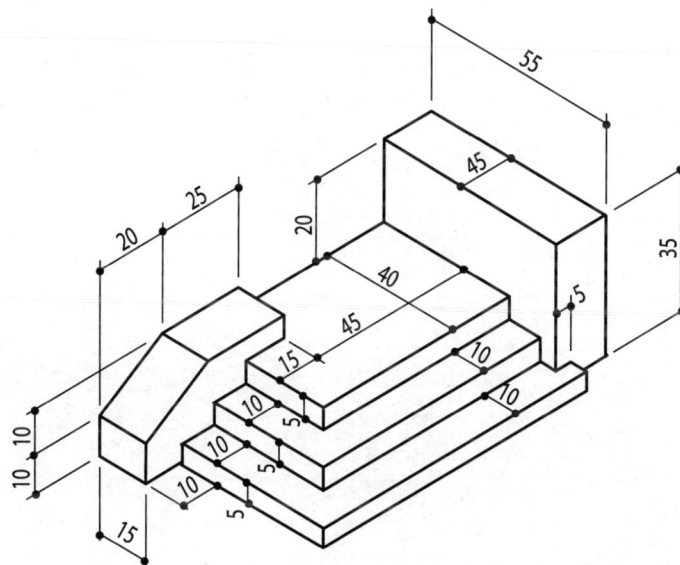

| 模块三　组合体的投影（五） | 班级 | | 姓名 | | 学号 | | 成绩 | |

任务二　组合体的三面图

1. 目的
掌握组合体投影图的选择、画图方法及尺寸标注。

2. 内容
2.1　由组合体的轴测图画其 H、V、W 投影图并标注尺寸。

2.2　由（1）~（2）题中选作一题，图号：02。

2.3　由（3）~（4）题中选作一题，图号：03。

2.4　图名：组合体投影图。

3. 要求
3.1　每张A3幅（297mm×420mm）画一题，共2张。

3.2　比例：根据题目情况自选比例，合理布置图面。

3.3　线型：同类图线规格一致（粗细、短线长度及间隔等），
粗、中、细线型分明，图线标准粗度 b 约0.7mm。

3.4　字体：图名字高10mm，姓名、专业名等说明文字高5mm，

尺寸数字高3.5mm。书写前要轻画字格控制汉字字高，
先轻画导线控制数字、字母的字高。

3.5　图纸总要求：投影正确，布图匀称，图面整洁，线
型清晰分明，尺寸标注正确，字体工整。

4. 作业提示
4.1　比例的选用应根据物体的总尺寸和三面图的位置，
先进行计算。（如某尺寸为500，采用1∶50的比例时，
图样的长度为10，若采用1∶100的比例时，图样的长
度为5），使图样大小适中。

4.2　布置图样时，各图之间要留有足够标注尺寸的位置。

4.3　标注尺寸时，不要照搬轴测图上的尺寸标注方式，
应以尺寸标注规则以及配置适当为原则，来考虑图
样的尺寸配置。

模块三　组合体的投影（六）	班级		姓名		学号		成绩	

(1)

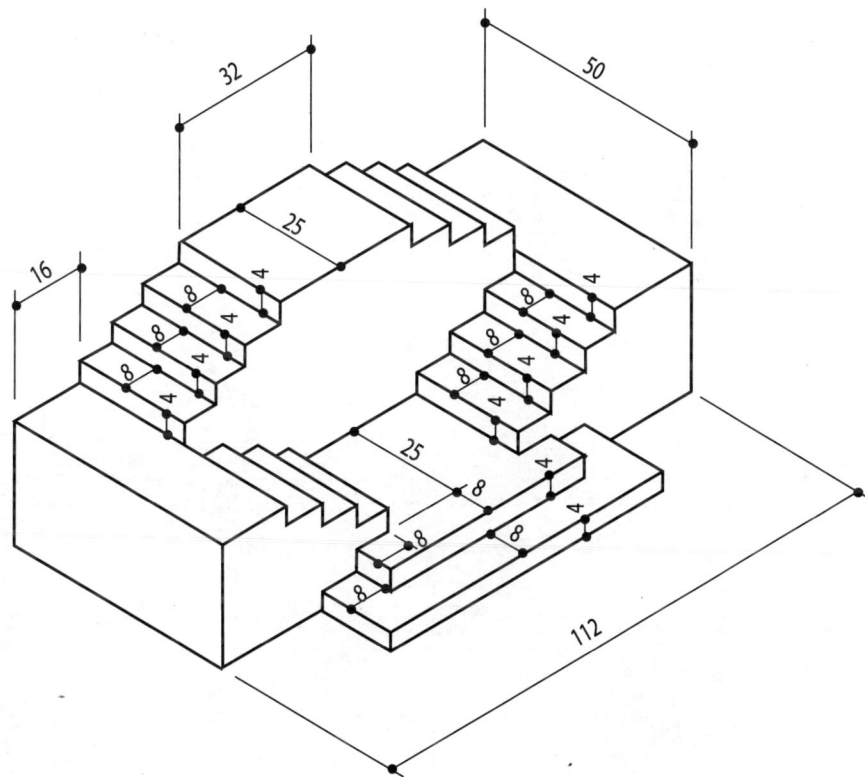

(2)

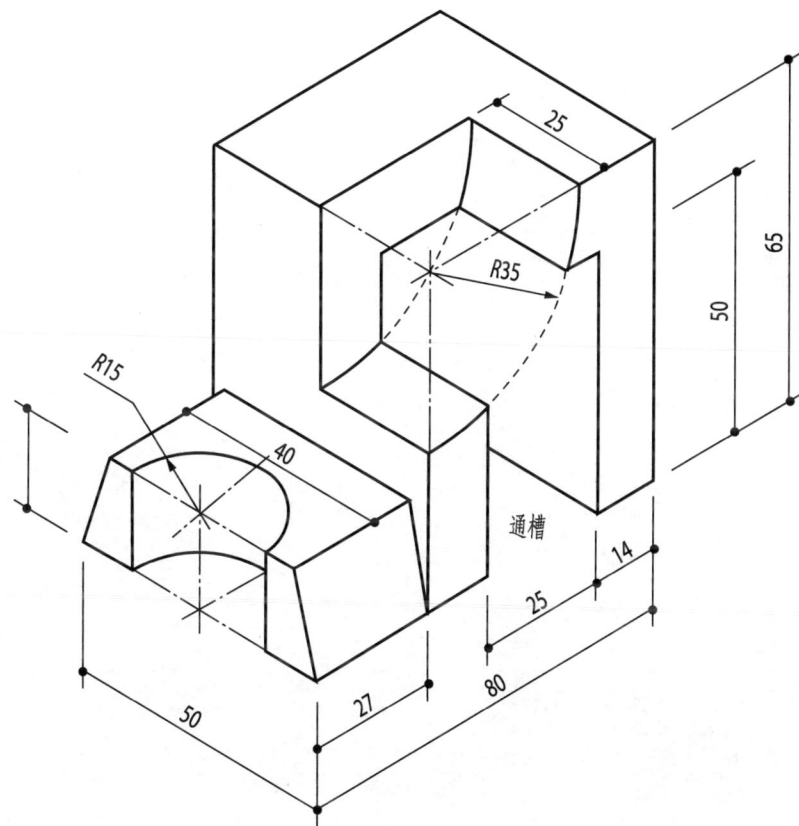

模块三　组合体的投影（七）	班级		姓名		学号		成绩	

(3)

(4)

4. 根据已知的两面投影，补全组合体的第三面投影。

（1）

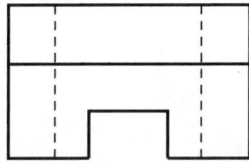

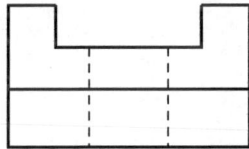

（2）

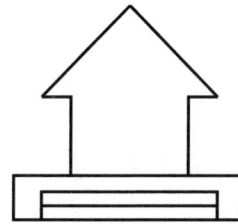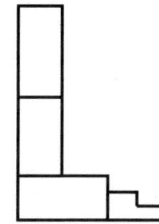

（3）

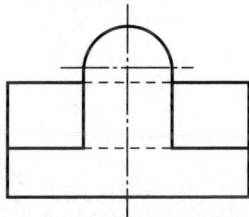

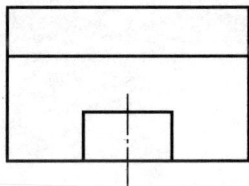

（4）

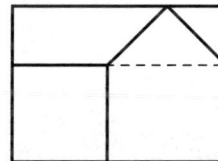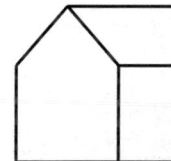

模块三　组合体的投影（九）　　班级　　　姓名　　　学号　　　成绩

（5）

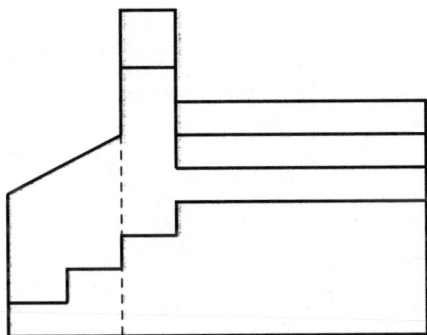 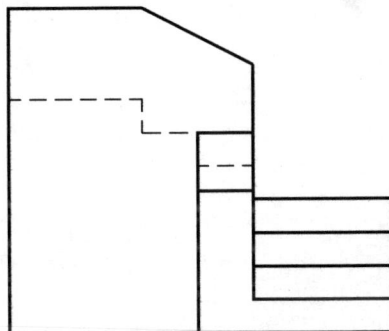

5. 标注组合体点的尺寸（用1∶1的比例在图上量取，取整数）。

（1）

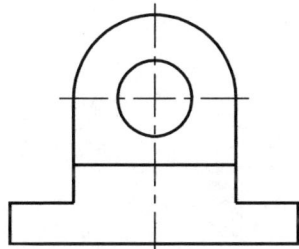

（2）

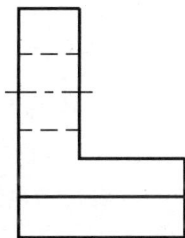

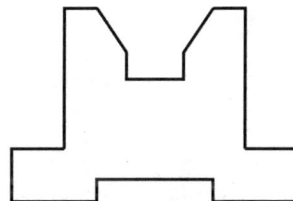

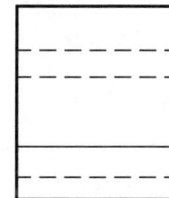

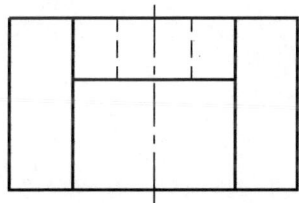

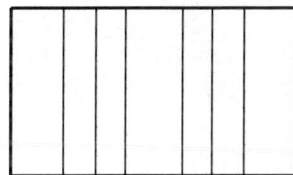

模块三　组合体的投影（十一）	班级		姓名		学号		成绩	

(3)

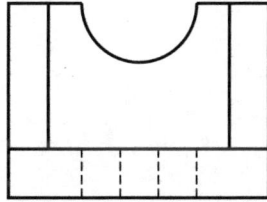 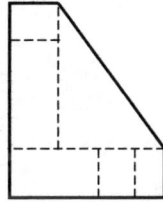

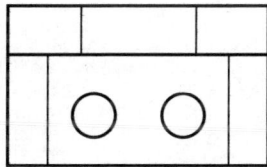

(4)

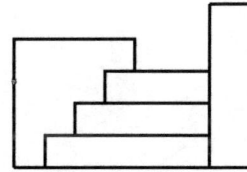 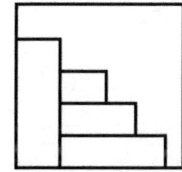

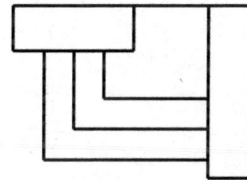

| 模块三　组合体的投影（十二） | 班级 | | 姓名 | | 学号 | | 成绩 | |

1. 作出组合体的1—1剖面图。

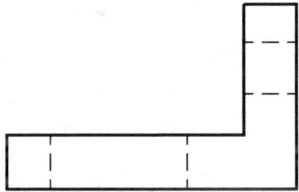

1—1剖面图

1

1

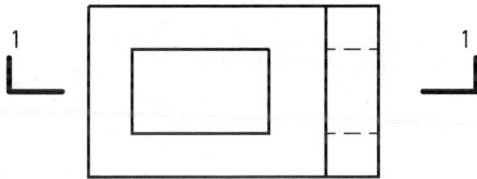

2. 作出组合体的1—1剖面图。

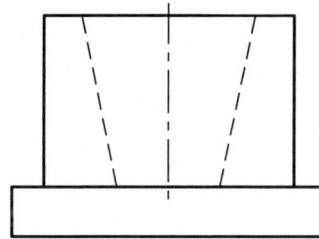

1—1剖面图

1

1

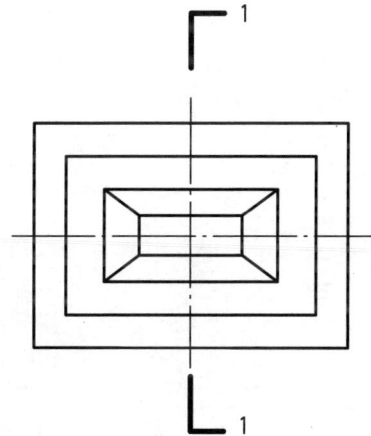

模块四　工程形体表达训练（一）

班级　　姓名　　学号　　成绩

3. 已知组合体的三面投影图，作出组合体的1—1、2—2剖面图。

2—2剖面图　　　　　　1—1剖面图

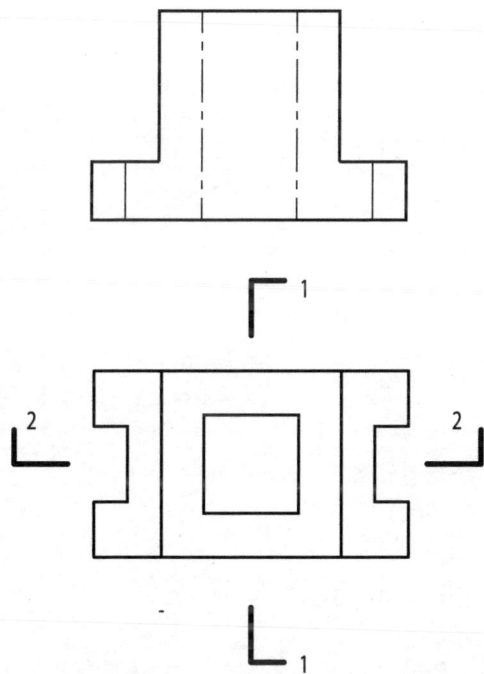

4. 已知组合体的三面投影图，作出组合体的1—1、2—2剖面图。

2—2剖面图　　　　　　1—1剖面图

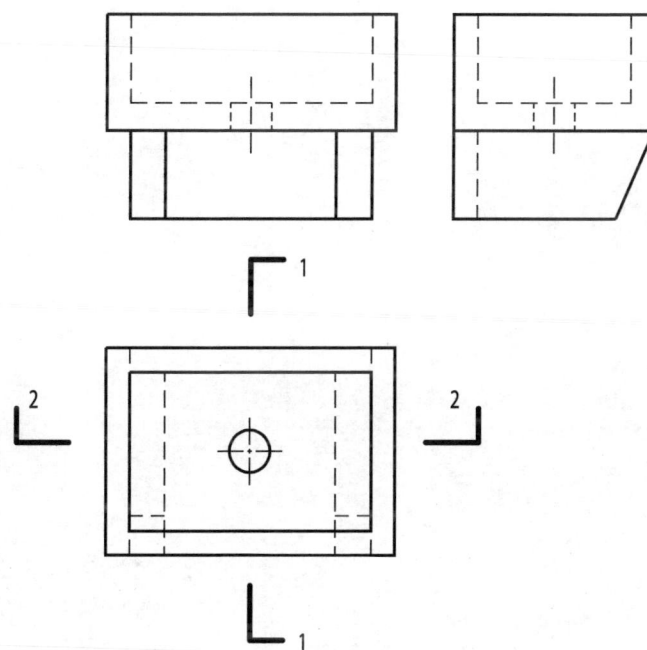

| 模块四　工程形体表达训练（二） | 班级 | | 姓名 | | 学号 | | 成绩 | |

5. 作出组合体的2—2、3—3剖面图。

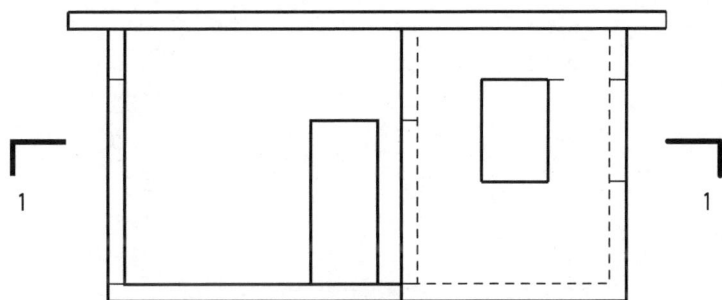

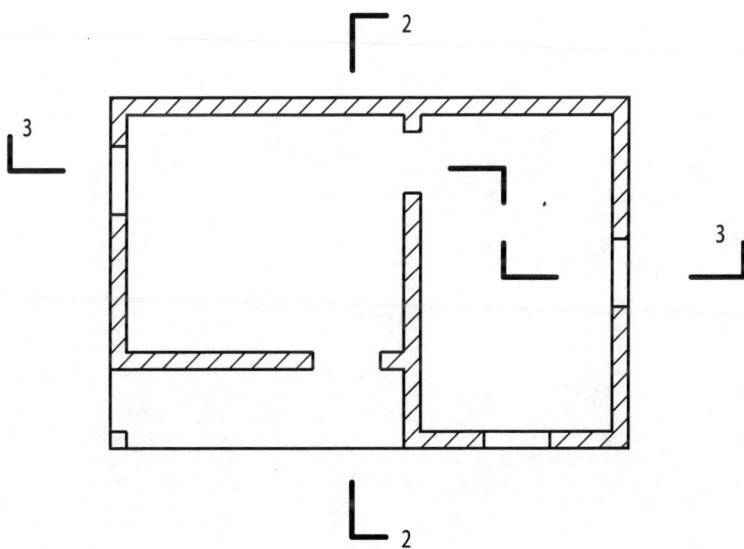

1—1剖面图

2—2剖面图

3—3剖面图

模块四　工程形体表达训练（三）

班级		姓名		学号		成绩	

6. 作出组合体的2-2剖面图。

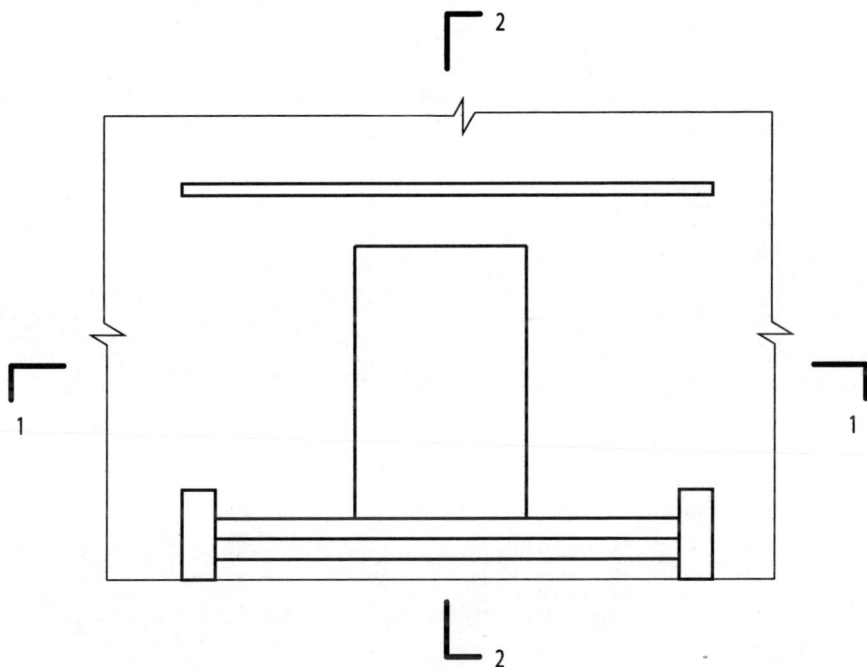

2-2剖面图

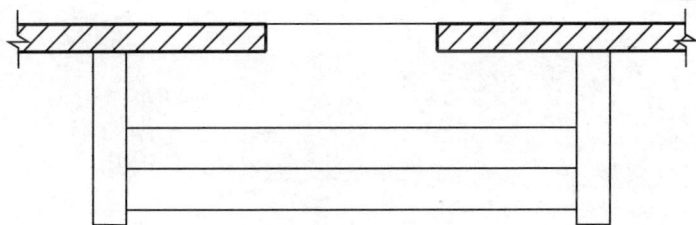

1-1剖面图

注：雨篷与台阶等宽

模块四 工程形体表达训练（四）	班级		姓名		学号		成绩	

7. 画出钢筋混凝土肋形楼盖的1—1剖面图。

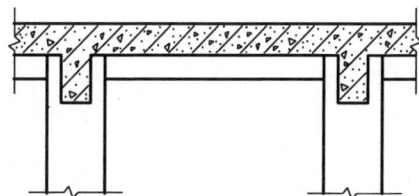

2—2剖面图

1—1剖面图

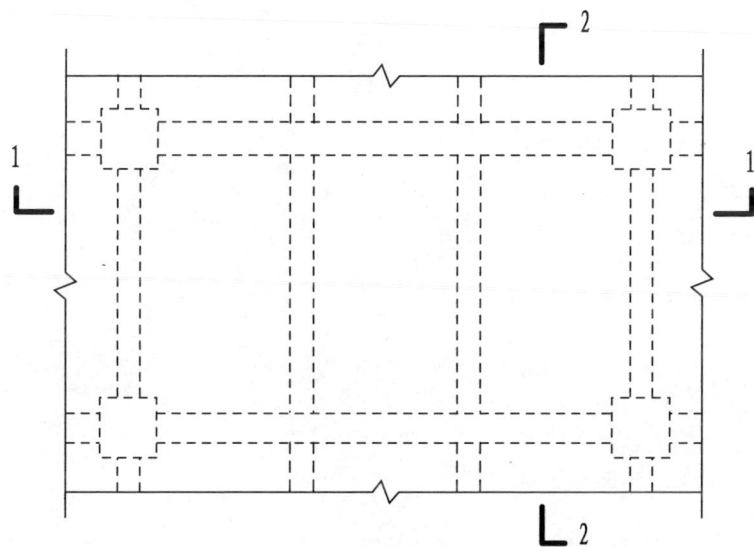

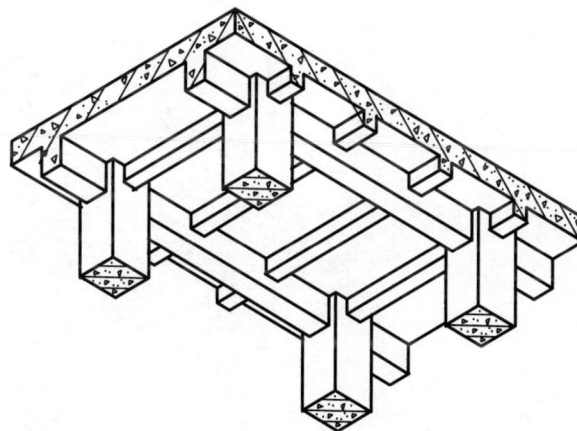

注：1—1剖面图中板、梁、柱折断处用折断线。

| 模块四　工程形体表达训练（五） | 班级 | | 姓名 | | 学号 | | 成绩 | |

8. 作出组合体的1—1断面图。

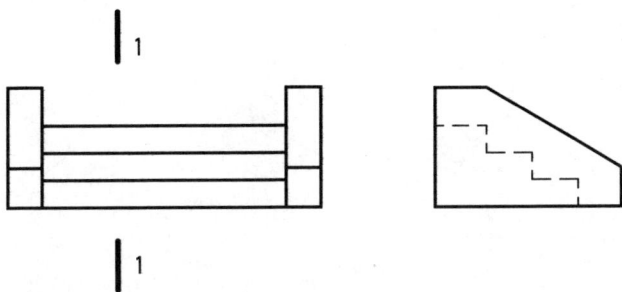

9. 作出组合体的1—1、2—2断面图。

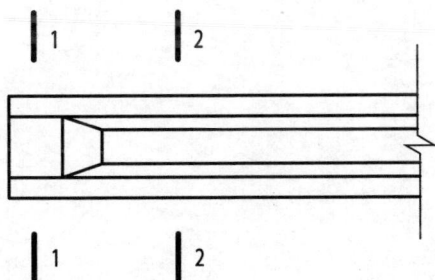

10. 作出组合体的1—1断面图。

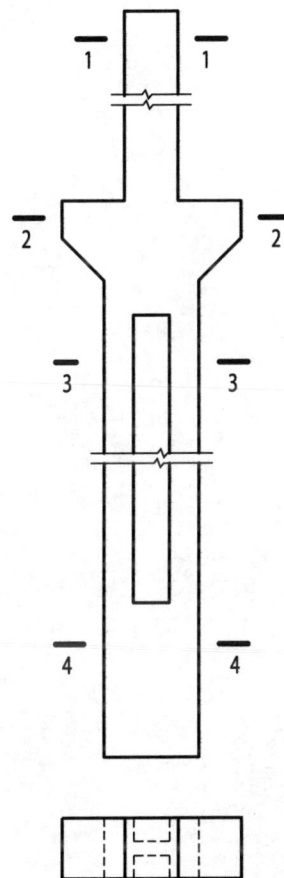

| 模块四　工程形体表达训练（六） | 班级 | | 姓名 | | 学号 | | 成绩 | |

1. 说明在钢筋混凝土结构图中钢筋图例表示的意思。

图　例	说　明
（端部带半圆弯钩图例）	端部带半圆弯钩的钢筋
（图例）	
（///图例）	
（/图例）	
（图例）	
（图例）	
（图例）	
平面图中的双层钢筋	左图： 右图：

2. 画出钢筋混凝土梁的1—1、2—2断面详图。

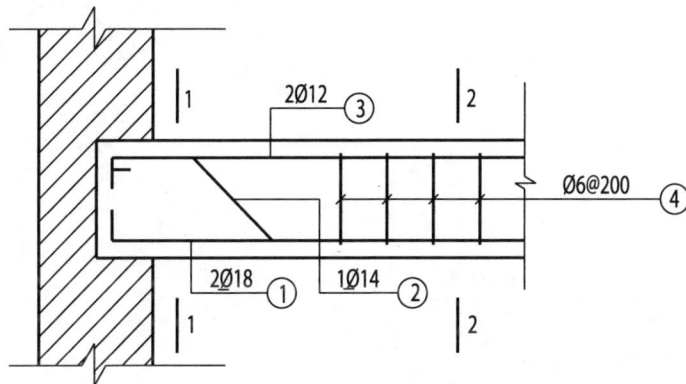

2Ø12 ③
Ø6@200 ④
2Ø18 ①　1Ø14 ②

梁的配筋立面图

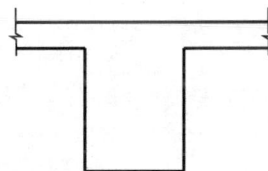

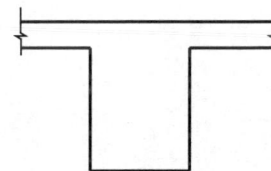

1—1　　　　　　　2—2

模块五　钢筋混凝土结构图训练（一）

班级		姓名		学号		成绩	

3. 已知一钢筋混凝土梁的跨度为3600mm，梁的断面为200mm×300mm。跨中梁断面的下部配置3根直径为14mm的Ⅱ级钢筋，在距离梁的端部500mm处其中一根钢筋弯起，弯起角度为45°；梁的上部配置2根直径为12mm的Ⅰ级钢筋；箍筋为直径6mm的Ⅰ级钢筋，间距为200mm。

(1) 试按照1∶30的比例画出梁的配筋立面图；

(2) 试按照1∶20的比例画出梁端部和跨中的断面详图。

模块五 钢筋混凝土结构图训练（二）	班级		姓名		学号		成绩	

1. 光圆钢筋的符号是用 _____ 来表示。

    A. ϕ B. ϕ C. ϕ D. ϕ^R

2. 在配筋图上②ϕ@150中的②表示 _____ 。

    A. 轴线编号   B. 钢筋编号   C. 钢筋数量   D. 构件代号

3. 分布钢筋一般用于 _____ 构件内。

    A. 钢筋混凝土梁

    B. 钢筋混凝土承重柱

    C. 钢筋混凝土构造柱

    D. 钢筋混凝土板

4. 下列关于钢筋保护层厚度说法错误的是 _____ 。

    A. 钢筋的保护层可以防止钢筋锈蚀和防火

    B. 梁的保护层最小厚度为25mm

    C. 柱的保护层最小厚度为20mm

    D. 板和墙的保护层最小厚度为10~15mm

5. 下列表述正确的是 _____ 。

    A. G2ϕ2表示梁两侧的抗扭钢筋，每侧一根ϕ2

    B. G4ϕ4表示梁两侧的构造钢筋，每侧两根ϕ4

    C. N2ϕ2表示梁两侧的构造钢筋，每侧一根ϕ2

    D. N4ϕ8表示梁两侧的抗扭钢筋，每侧四根ϕ8

6. 钢筋混凝土梁构件详图包括钢筋混凝土梁的立面图、_____

    和 _____ 。

7. 钢筋在混凝土构件中的作用，除了增强受拉区的抗拉强度外，有时还起着

    其他作用。所以，常把构件中不同位置的钢筋分为 _____ 、

    _____ 和 _____ 、 _____ 和 _____ 。

8. 按照文字的叙述，作出相应钢筋标注

    4根直径为22的二级钢：

    加密区间距为100，非加密区间距为200，直径为10的一级钢：

模块五 钢筋混凝土结构图训练（三）	班级		姓名		学号		成绩	

图 纸 目 录

图别	图号	图 纸 内 容	
建 施	1	图纸目录、采用标准图集目录	A₃
	2	施工设计说明	A₃
	3	门窗统计表、门窗详图	A₃
	4	一层平面图	A₃
	5	二层平面图	A₃
	6	屋顶平面图	A₃
	7	1—6轴立面图	A₃
	8	6—1轴立面图	A₃
	9	A—E轴立面图	A₃
	10	E—A轴立面图	A₃
	11	1—1剖面图	A₃
	12	楼梯平面图、卫生间平面布置图	A₃

室内外装修明细表

	名称	材料	图集	页数	图号	使用部位	备注
室外装修	外墙涂料	4.200以上	西南 04J516	64	5313	外墙	色彩详立面图
	仿真石 外墙砖	4.200以下	西南 04J516	68	5407	外墙	
室内装修	地面	铺地砖地面	西南 04J312	19	3182c	除卫生间外所有地面	色彩详立面图
		铺地砖地面	西南 04J312	19	3182b	卫生间	
	楼面	铺地砖楼面	西南 04J312	19	3184a	除卫生间外所有楼面	
		铺地砖楼面	西南 04J312	19	3184b	卫生间	
	内墙	乳胶漆内墙面	西南 04J515	5	N08	除卫生间外所有房间	
		白瓷砖内墙面	西南 04J515	5	N11	卫生间	高齐顶棚
	踢脚	地砖踢脚	西南 04J312	20	3188b	卫生间	白色 高150mm
		地砖踢脚	西南 04J312	20	3187b	除卫生间外所有房间	
	顶棚	板底抹灰顶棚	国标 05J909	DP4	棚2A-2	楼梯间	白色
		乳胶漆	西南 04J515	13	P06	除楼梯间和卫生间 外所有顶棚	白色
		铝合金吊顶	西南 04J515	16	P22	卫生间	白色

备注: 采用图集均为西南地区建筑标准通用图

建 筑 设 计 总 说 明

一、设计依据

1. 本工程的建设审批单位对初步设计或方案设计的批复；

2. 城市建设规划管理部门对本工程初步设计或方案设计的审批意见；

3. 消防、人防、园林等有关主管部门对本工程初步设计或方案设计的审批意见；

4. 经批准的本工程初步设计或方案设计文件，建设方的意见；

5. 现行的国家有关建筑设计规范、规程和规定。

二、项目概况

1. 本工程建筑名称为：××市×××办公楼。

2. 本工程建筑面积 332 m²，其中地下 0.00 m²，地上 332 m²，建筑占地面积 156 m²。

3. 建筑层数、高度：地下 0 层，地上 2 层，建筑高度 9.05 m。

4. 建筑结构形式为 框架 结构，建筑结构的类别丙类，使用年限 50 年，抗震设防烈度为 七 度。

5. 建筑分类为 低 层建筑；其耐火等级为地上 二 级，地下 零 级；使用年限 50 年。

6. 建筑耐火等级为地上 二 级，地下 零 级。

三、设计标高

1. 本工程 ±0.00 相对标高为 0.450 m。

2. 各层标注标高为完成面标高（结构面标高），屋面标高为结构面标高。

3. 本工程标高以 m 为单位，总平面尺寸以 m 为单位，其他尺寸以 mm 为单位。

四、墙体工程

1. 墙体的基础部分见结施。

2. 混合结构的承重砌体墙详见结施图。

3. 非承重的外围护墙采用 MU7.5 多孔砖用 M5 混合砂浆砌筑，构造和技术要求详见 03G329 。

4. 建筑物的内隔墙采用 MU5.0 多孔砖用 M5 砂浆砌筑，其构造和技术要求见 03G329 。

5. 墙身防潮层：在室内地坪下约 60 高、20厚 1:2 水泥砂浆内加 3%~5% 防水剂的墙身防潮层（在此标高为钢筋混凝土构造，或下为砌石构造时可不做），当室内地坪变化处防潮层应重叠，并在高低差埋土一侧墙身做20厚 1:2 水泥砂浆防潮层，如埋土侧为室外，还应刷 1.5 厚聚氨酯防水涂料（或其他防潮材料）。

6. 未注明的门垛尺寸均为 100 m。

7. 墙体留洞及封堵：

　（1）钢筋混凝土墙上的留洞见结施和设备图。

　（2）砌筑墙预留洞见建施和设备图。

　（3）砌筑墙体预留洞过梁见结施说明。

　（4）预留洞的封堵：混凝土墙留洞的封堵见结施，其余砌筑墙留洞待管道设备安装完毕后，用 C15 细石混凝土填实；变形缝处双墙留洞的封堵，应在双墙分别增设套管，套管与穿墙管之间嵌堵参照西南 04J112P28-29 。

8. 卫生间隔断墙的做法为参照西南 04J517P42①a 。

五、屋面工程

1. 本工程的屋面防水等级为 Ⅱ 级，防水层合理使用年限为 15 年，做法以剖面图标注为准。

2. 屋面做法及屋面节点索引见"屋面平面图"，露台、雨篷等见"各层平面图"有关详图。

3. 屋面排水组织见屋面平面图，内排水雨水管见水施图，外排雨水斗、雨水管采用 PVC ，除图中另有注明者外，雨水管的公称直径均为 DN=150 。

4. 隔气层的设置：本工程的防水层部位屋面设置隔汽层，其构造见西南 03J201-1P5 。

六、门窗工程

1. 建筑外门窗抗风压性能分级为 Ⅰ 级，门窗气密性等级为 4 级，水密性能分级为 Ⅱ 级，保温性能分级为 Ⅱ 级，隔声性能分级为 Ⅲ 级。

2. 门窗玻璃的选用应遵照《建筑玻璃应用技术规程》和《建筑安全玻璃管理规定》发改运行 JGJ113[2003]2116号及地方主管部门的有关规定。

3. 门窗立面均表示洞口尺寸，门窗加工尺寸要按照装修面厚度由承包商予以调整。

4. 门窗立樘：外门窗立樘详墙身节点图，内门窗立樘除图中另有注明者外，双向平开门立樘墙中，单向平开门立樘开启方向墙面平。

5. 门窗选料、颜色、玻璃见"门窗表"附注，门窗五金件要求为 合格品 。

门 窗 表

类型	设计编号	洞口尺寸（mm）	数量	备 注	门窗类型
门	M-0821	800×2100	2		白色塑钢门
	M-0921	900×2100	2		白色塑钢门
	M-1021	1000×2100	8		白色塑钢门
	M-1527	1500×2700	2		白色塑钢门
	MC	2600×2700	1	窗台高100 玻璃厚度详节能设计	玻璃平开门
窗	C-1524	1500×2400	2	窗台高500 玻璃厚度详节能设计	白色塑钢窗
	C-0524	500×2400	3	窗台高900 玻璃厚度详节能设计	白色塑钢窗
	C-1221	1200×2100	1	窗台高900 玻璃厚度详节能设计	白色塑钢窗
	C-2121	2100×2100	10	窗台高900 玻璃厚度详节能设计	白色塑钢窗
	GC-1209	1200×900	6	窗台高1800 6厚普通透明白玻璃	白色塑钢窗

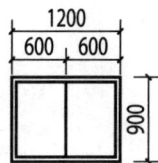

GC—0912详图 1:50

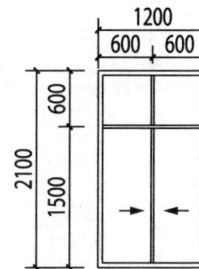

C—1221详图 1:50

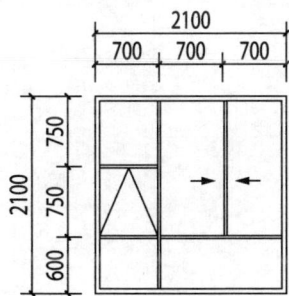

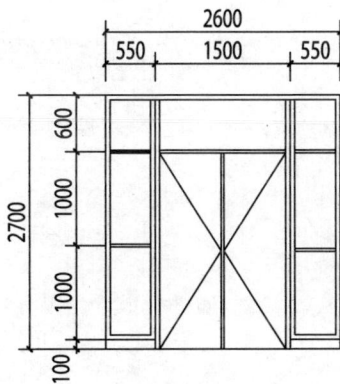

C—1221详图 1:50

MC详图 1:50

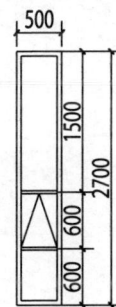

C—0524详图 1:50

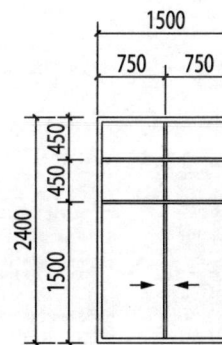

C—1524详图 1:50

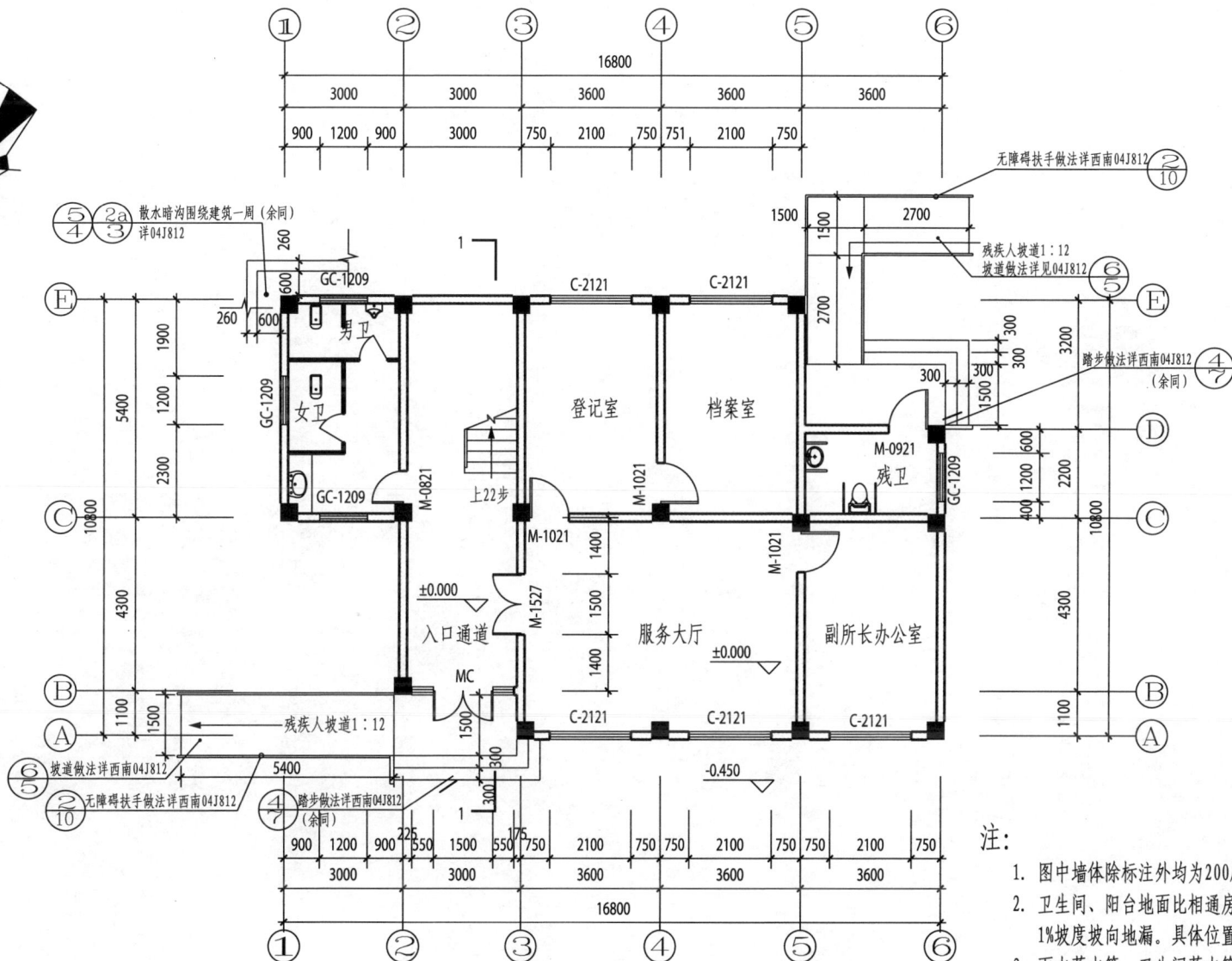

一层平面图 1:100

注:
1. 图中墙体除标注外均为200厚多孔砖,轴线见图。
2. 卫生间、阳台地面比相通房间低50,并设地漏,1%坡度坡向地漏。具体位置详水施。
3. 雨水落水管,卫生间落水管和水漏详见水施。
4. 未标明门垛为100。

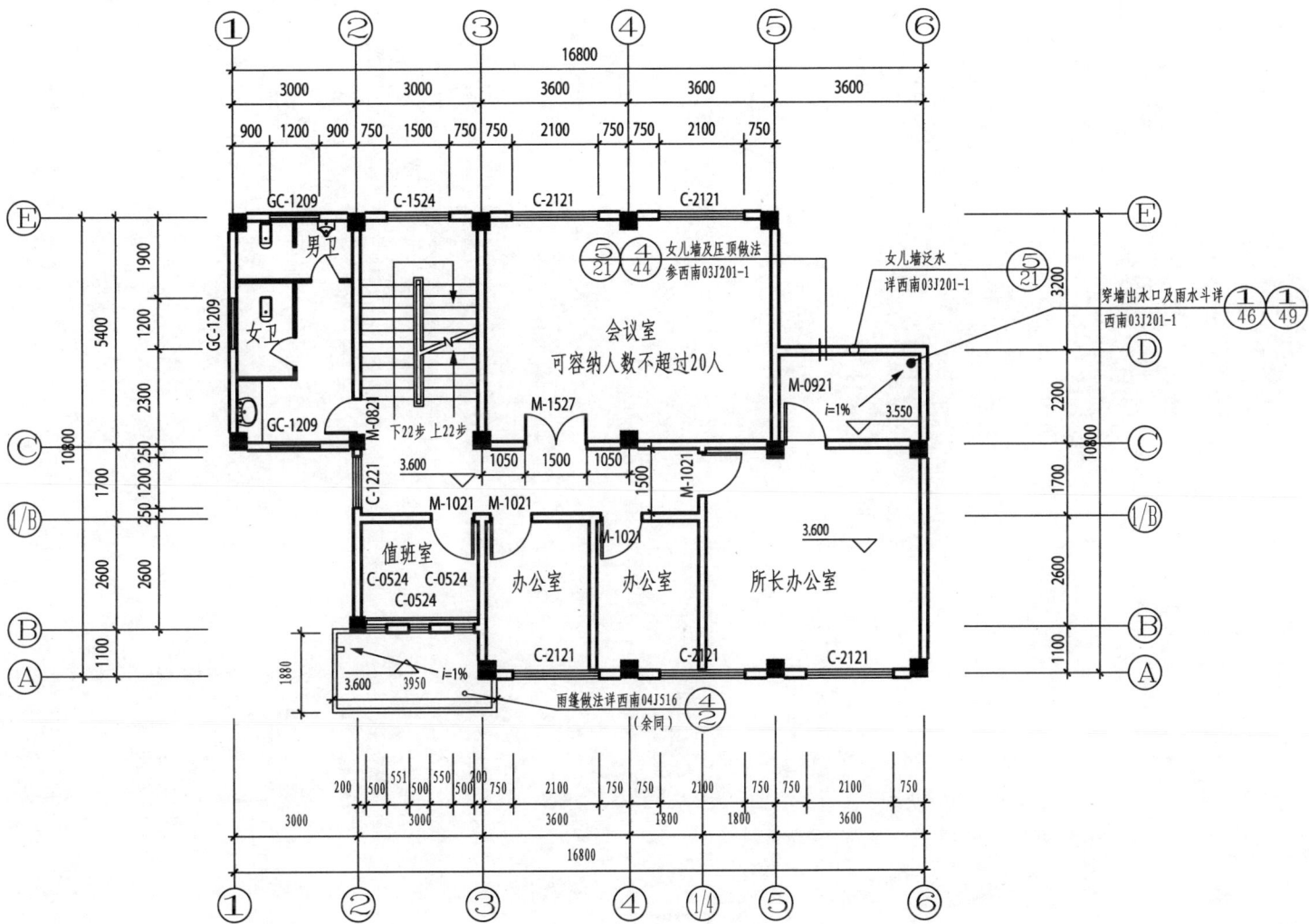

二层平面图 1:100

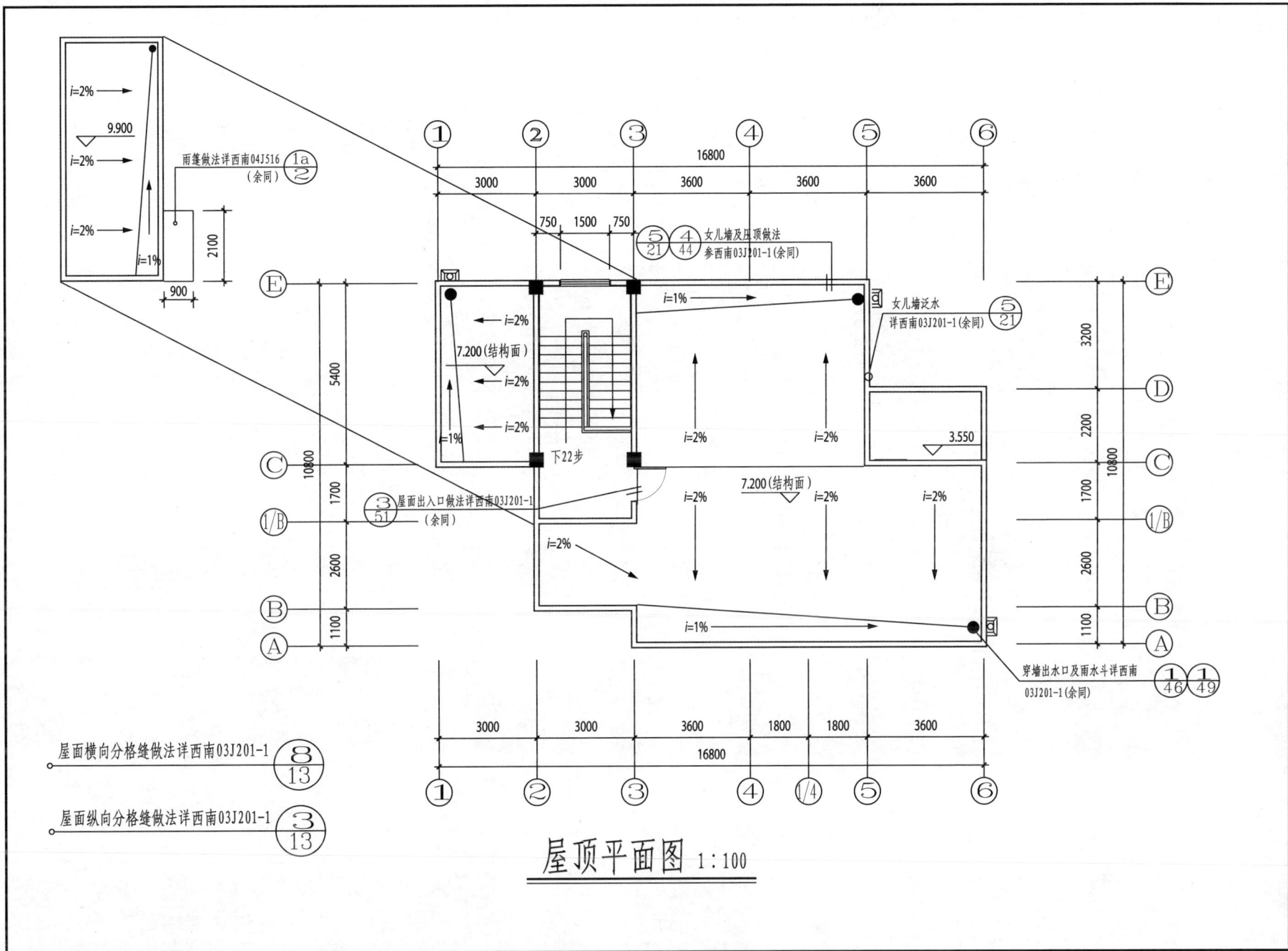

i=2%
9.900
i=2%
i=2%
i=1%
2100
900
雨篷做法详西南04J516（余同） $\dfrac{1a}{2}$

16800
3000 3000 3600 3600 3600

① ② ③ ④ ⑤ ⑥

750 1500 750

$\dfrac{5}{21}$ $\dfrac{4}{44}$ 女儿墙及压顶做法参西南03J201-1（余同）

Ⓔ

i=1%
女儿墙泛水详西南03J201-1（余同） $\dfrac{5}{21}$

i=2%

7.200（结构面）

i=2%

Ⓔ
3200
Ⓓ
2200
3.550
i=2% i=2%

10800

i=1%
Ⓒ
5400

7.200（结构面）

i=2% i=2% i=2%
1700
Ⓒ

Ⓑ/1
$\dfrac{3}{51}$ 屋面出入口做法详西南03J201-1（余同）

i=2%
Ⓑ/1
2600

i=2%

下22步

Ⓑ
2600
10800

i=1%
Ⓐ
1100
Ⓑ
1100
Ⓐ

穿墙出水口及雨水斗详西南03J201-1（余同） $\dfrac{1}{46}$ $\dfrac{1}{49}$

屋面横向分格缝做法详西南03J201-1 $\dfrac{8}{13}$

3000 3000 3600 1800 1800 3600
16800
① ② ③ ④ 1/4 ⑤ ⑥

屋面纵向分格缝做法详西南03J201-1 $\dfrac{3}{13}$

屋顶平面图 1:100

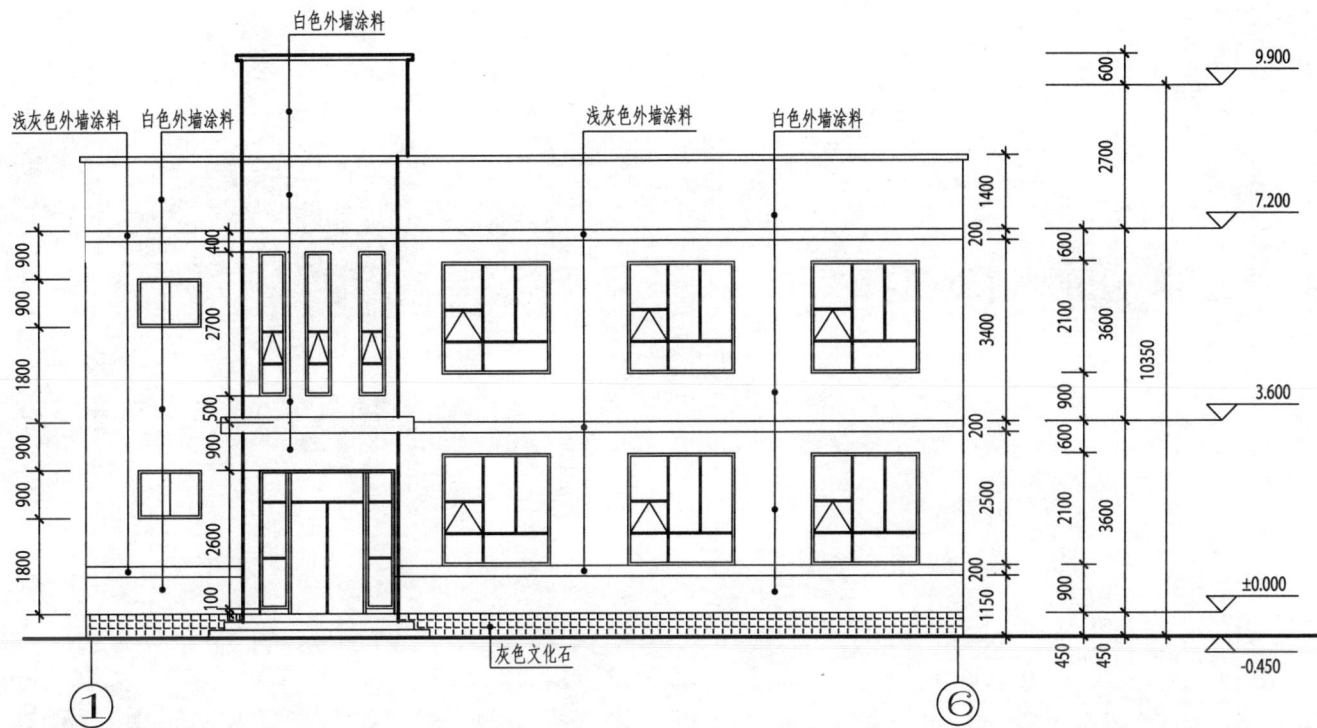

白色外墙涂料

浅灰色外墙涂料　白色外墙涂料

浅灰色外墙涂料　白色外墙涂料

灰色文化石

9.900

7.200

3.600

±0.000

-0.450

①-⑥轴立面图 1:100

①

⑥

白色外墙涂料

浅灰色外墙涂料

9.900

600

2700

7.200

1400

200

600

2100

3600

900

900

1800

10350

900

6100

3.600

900

900

3600

1800

200

700

±0.000

450

灰色文化石

450

450

-0.450

Ⓔ

Ⓐ

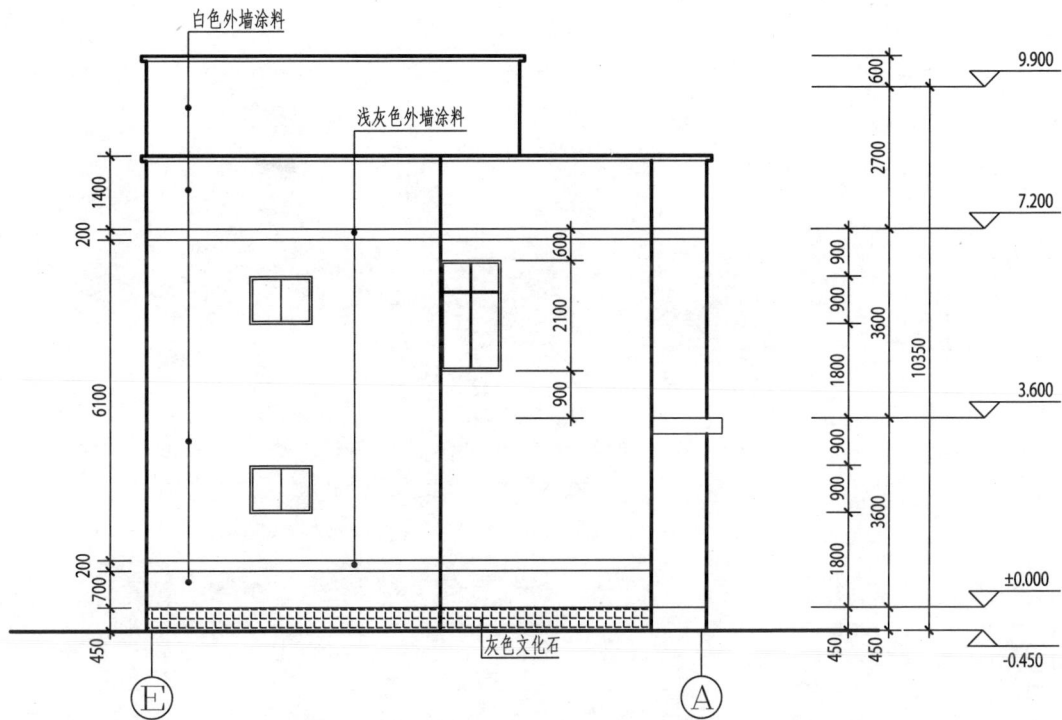

Ⓔ-Ⓐ轴立面图 1:100

白色外墙涂料

浅灰色外墙涂料

灰色文化石

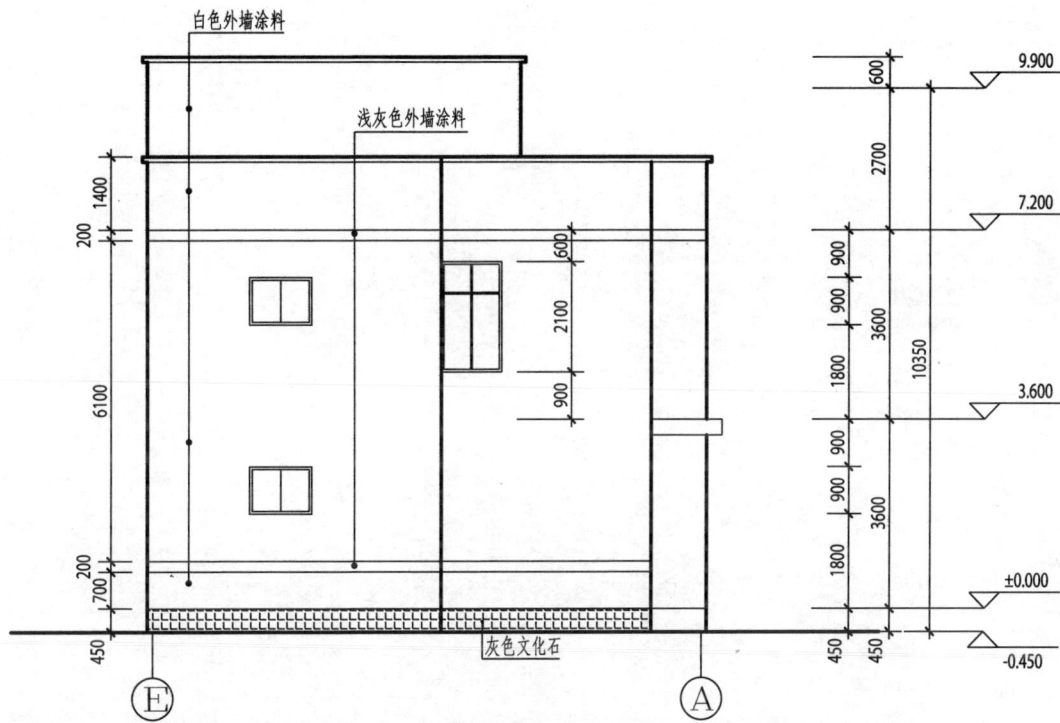

$\underline{E}$-$\underline{A}$轴立面图 1:100

9.900

7.200

3.600

±0.000

-0.450

E

A

白色外墙涂料　　浅灰色外墙涂料

9.900

600

2700

7.200

9.900

10350

3600

1400

200

3600

3.600

900

900

3400

200

3600

900

2500

1800

±0.000

200

700

-0.450

450　450

450

Ⓐ　　　　　　　　　　　　　　Ⓔ

$\underline{Ⓐ-Ⓔ 轴立面图}$ 1：100

楼梯间屋面做法详国标05J909　　屋14 WM15
防水层: 3+3厚SBS改性沥青防水卷材

2c/43　楼梯栏杆做法详西南04J412
水平栏杆高1050

4/62　楼梯转弯处栏杆
做法详西南04J412

下100不留空

5.400

2a/52　楼梯挡物线（含水平段）
做法详西南04J412

1.800

10×270=2700　　1500　　100

1100　2600　1700　　5400

10800

600　9.900

1200

2700

2400　7.200

11×163.64=1800

900

300　3600　10350

5.400

2400

11×163.64=1800

11×163.64=1800　3.600

1.800

900

1800

11×163.64=1800　3600

2100

450　±0.000

-0.450

Ⓐ　Ⓑ　①/Ⓑ　Ⓒ　Ⓔ

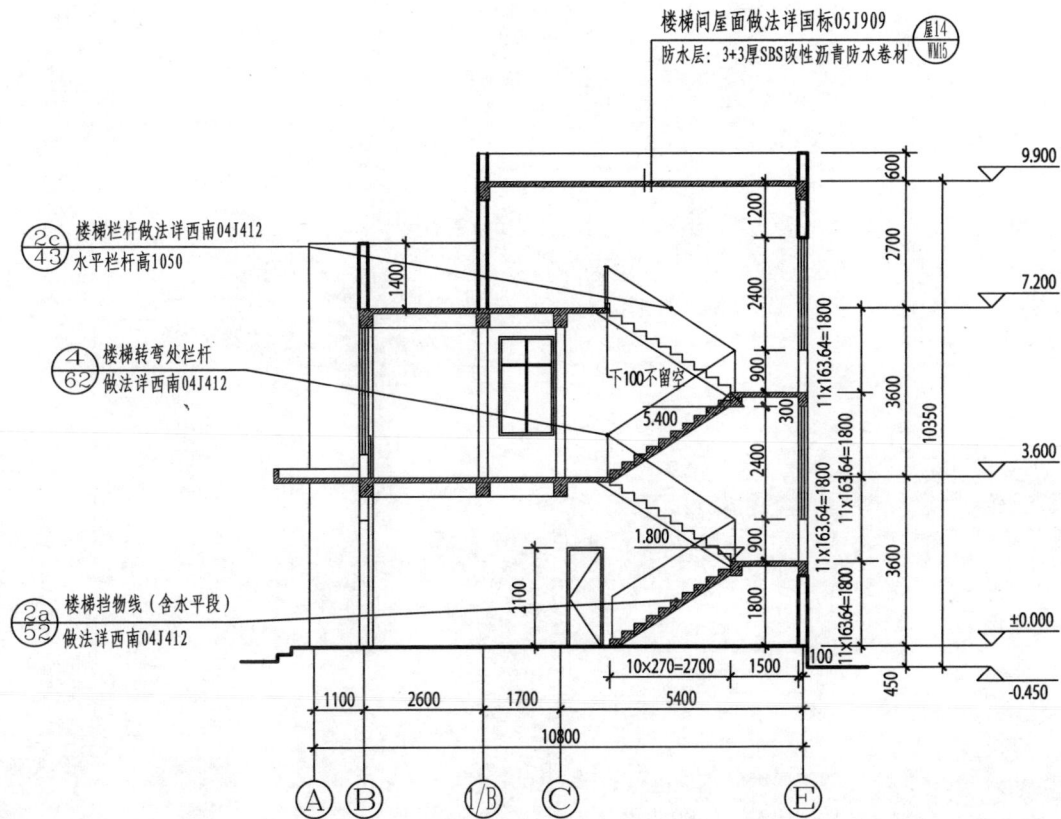

1—1剖面图 1:100

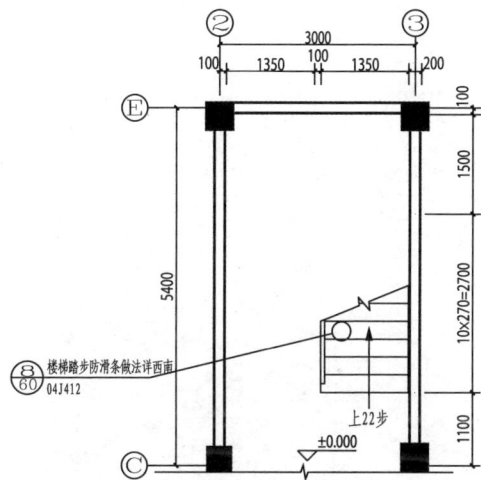

楼梯一层平面图 1:100

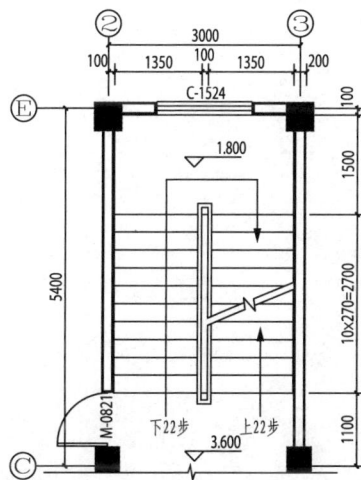

楼梯二层平面图 1:100

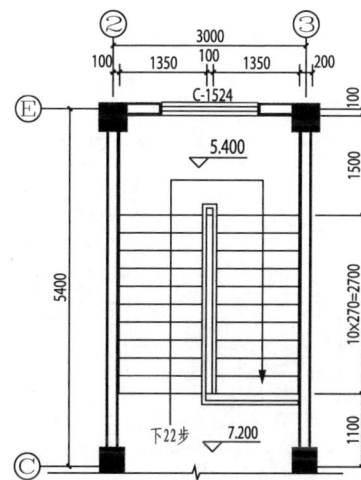

楼梯顶层平面图 1:100

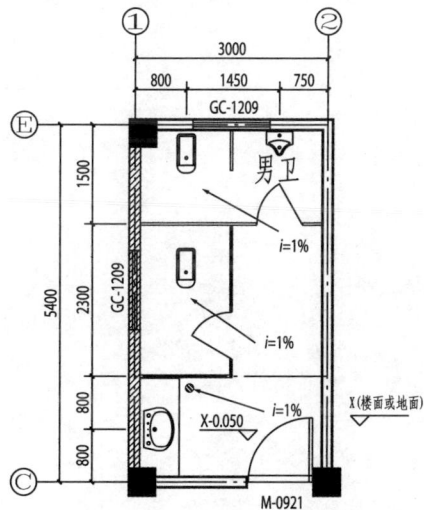

卫生间详间 1:100

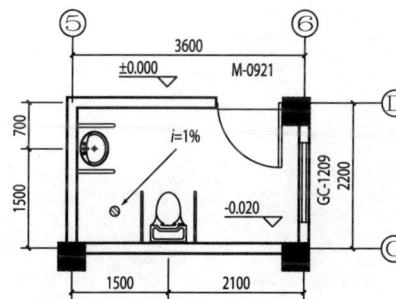

残卫平面布置图 1:100

任务训练指导

任务三　抄绘建筑施工图

1. 目的

　　1.1 掌握建筑施工图的内容。

　　1.2 掌握建筑施工图的识读方法并能正确识读。

　　1.3 在看懂图纸的基础上抄绘建筑施工图。

2. 内容

　　2.1 建施图一（图纸编号：J-01）：抄绘一层平面图。

　　2.2 建施图二（图纸编号：J-02）：抄绘1-7轴立面图。

　　2.3 建施图三（图纸编号：J-03）：抄绘楼梯间平面图。

　　2.4 建施图四（图纸编号：J-04）：抄绘楼梯间剖面图。

3. 要求

　　3.1 A3幅（297mm×420mm）图纸抄绘，共4张。

　　3.2 比例：比例见原图样，合理布置图面。

　　3.3 线型：同类图线规格一致（粗细、短线长度及间隔等），

　　　　 粗、中、细线型分明，图线标准粗度b约0.7mm。

3.4 字体：图名字高10mm，姓名、专业名等说明文字高5mm，尺寸数字高3.5mm书写前要轻画字格控制汉字字高，先轻画导线控制数字、字母的字高。

3.5 图纸总要求：表达正确，布图匀称，图面整洁，线型清晰分明，尺寸标注正确，字体工整。

4. 作业提示

4.1 绘制前要仔细通读建筑施工图，不要出现任何遗漏，以免在绘制的过程中出现问题。

4.2 在理解的基础上抄绘完成任务。

4.3 注意比例的转换。

模块六　房屋建筑图（一）	班级		姓名		学号		成绩	

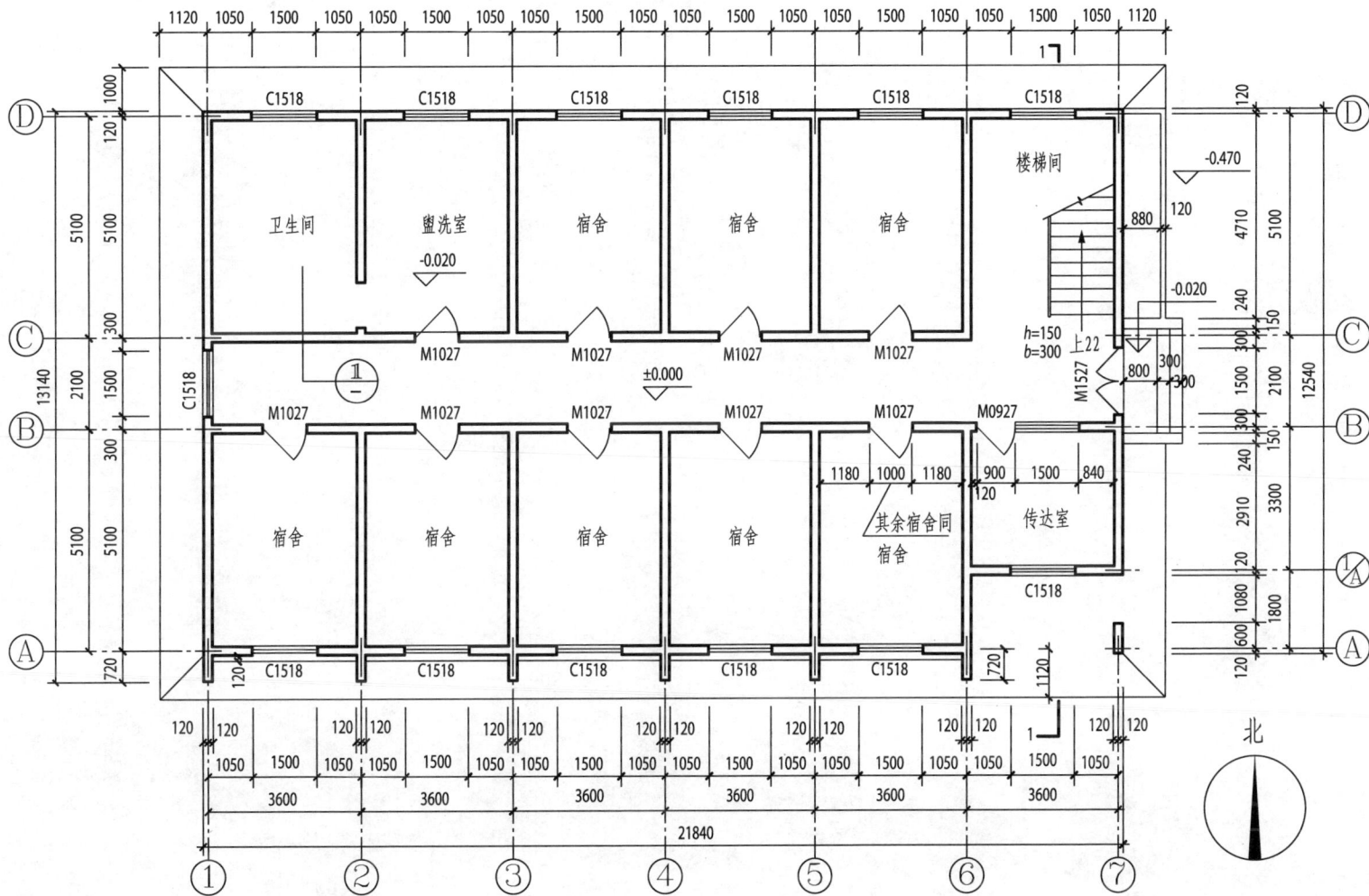

一层平面图 1:100

卫生间　盥洗室　宿舍　宿舍　宿舍　楼梯间

传达室　其余宿舍同宿舍

C1518　M1027　M1527　M0927

h=150 b=300　上22

±0.000　-0.020　-0.470

北

白色亚光面砖贴面，其余墙面均为本色水刷石饰面

凹入60，600×3000，均布，本色水刷石饰面

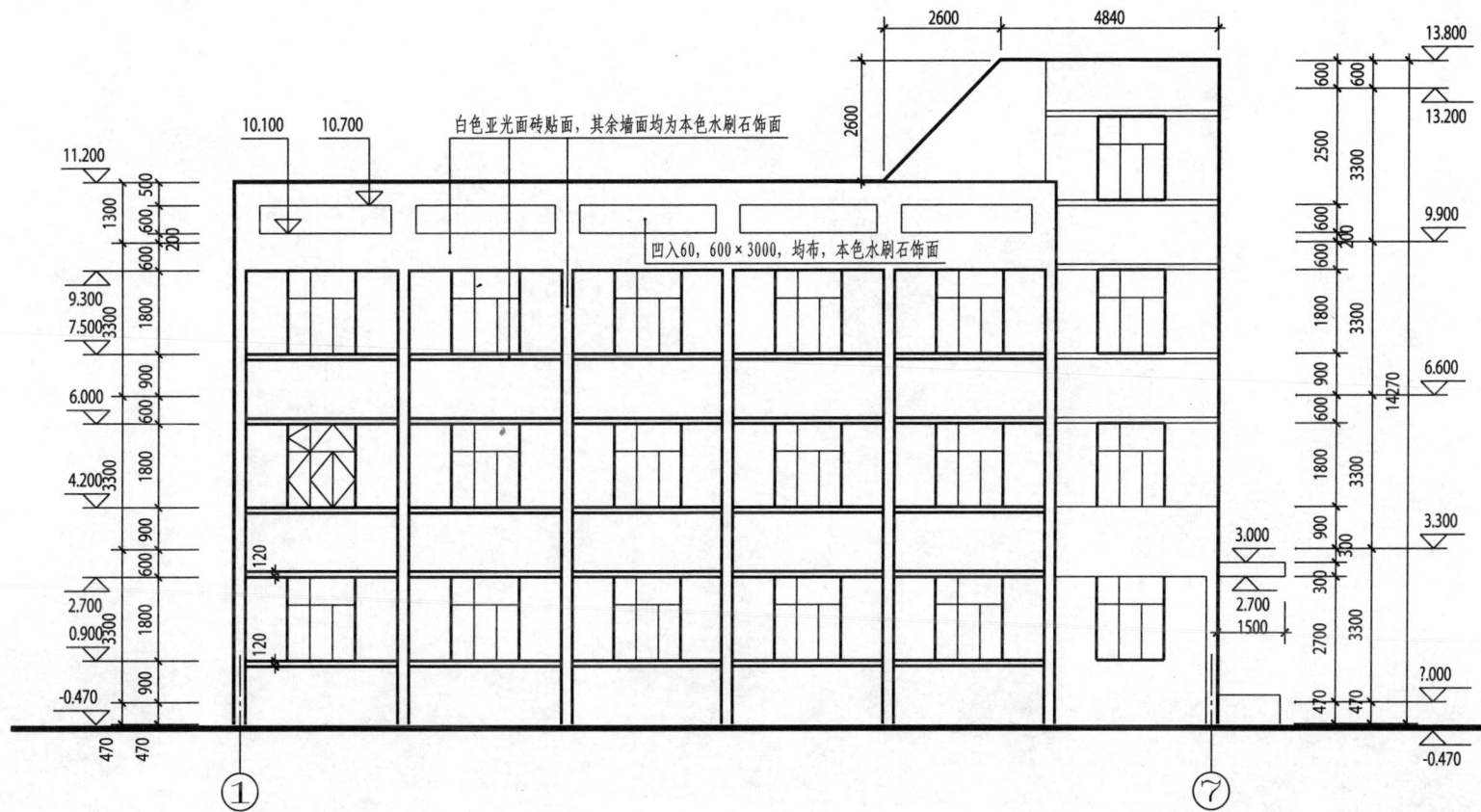

①-⑦立面图 1：100

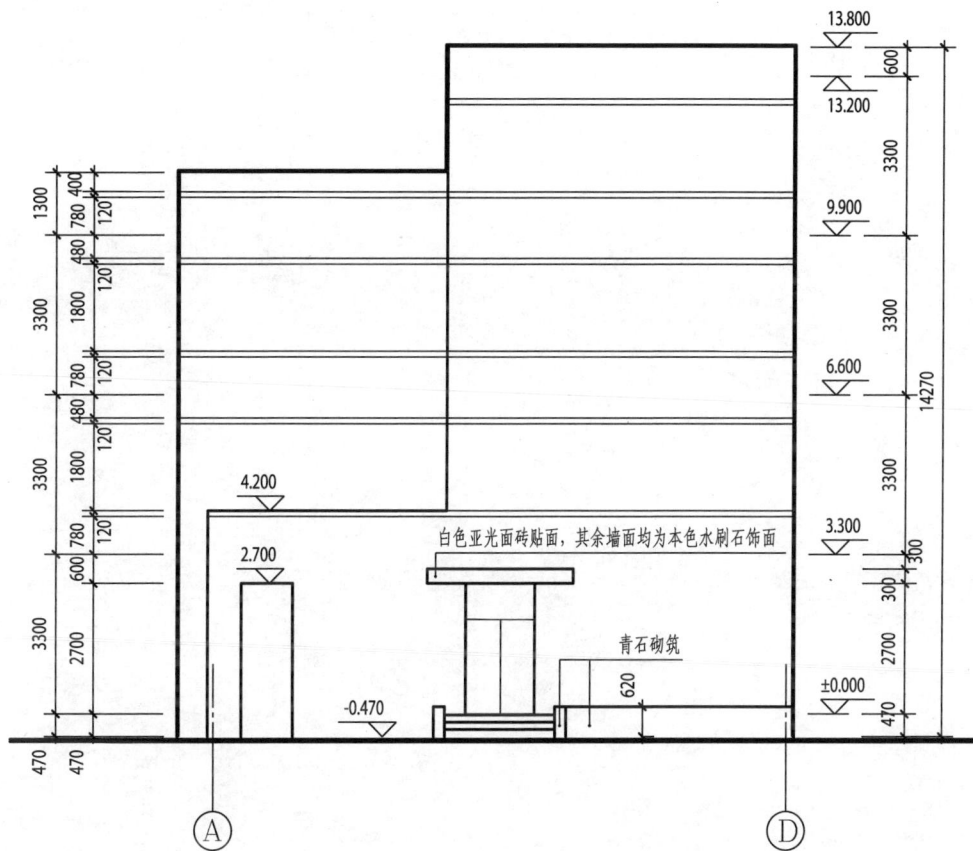

白色亚光面砖贴面，其余墙面均为本色水刷石饰面

青石砌筑

Ⓐ-Ⓓ立面图 1:100

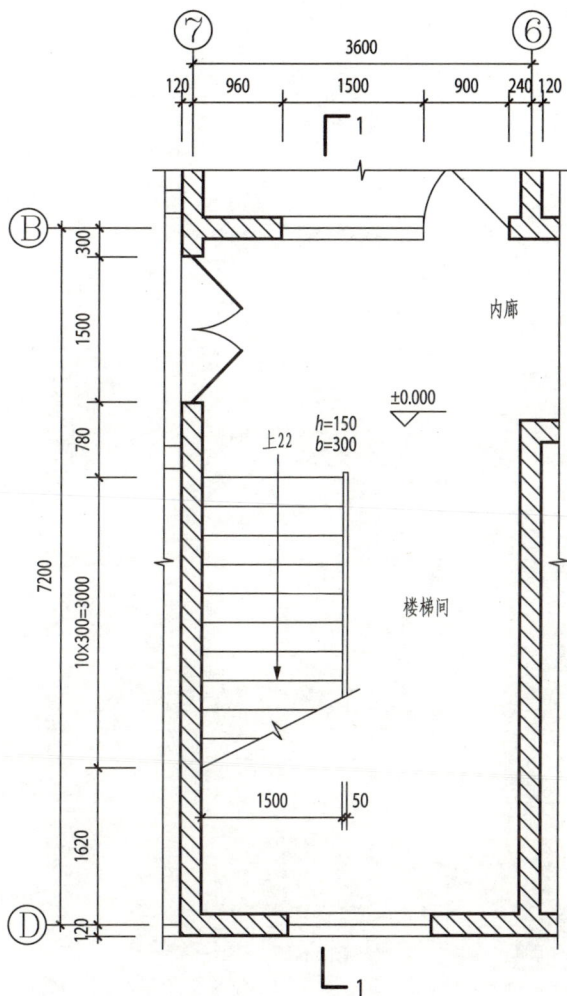

楼梯间一层平面图 1:50

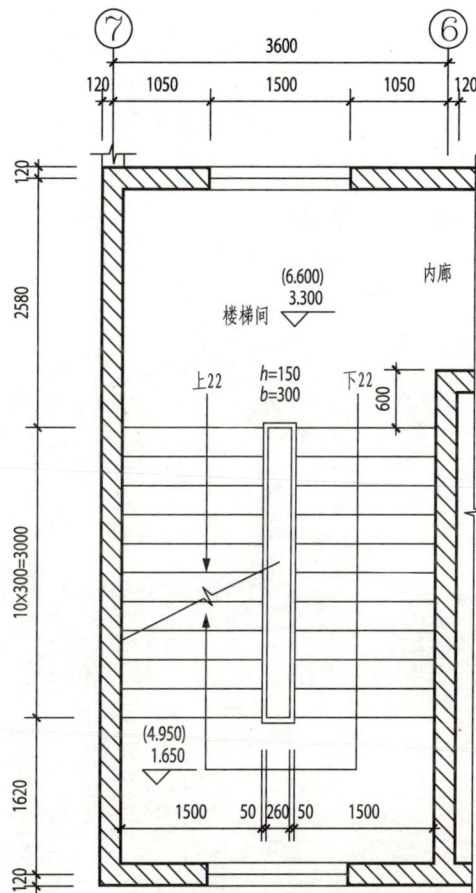

楼梯间标准层平面图 1:50

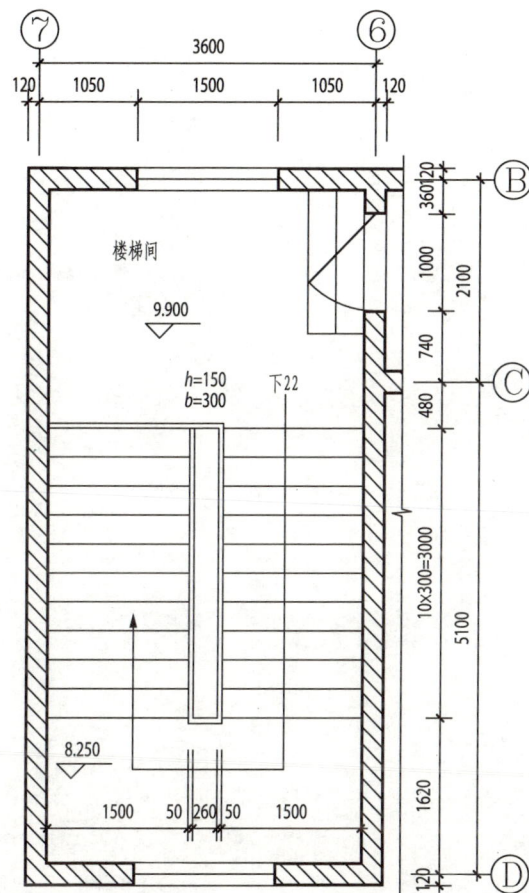

楼梯间顶层平面图 1:50

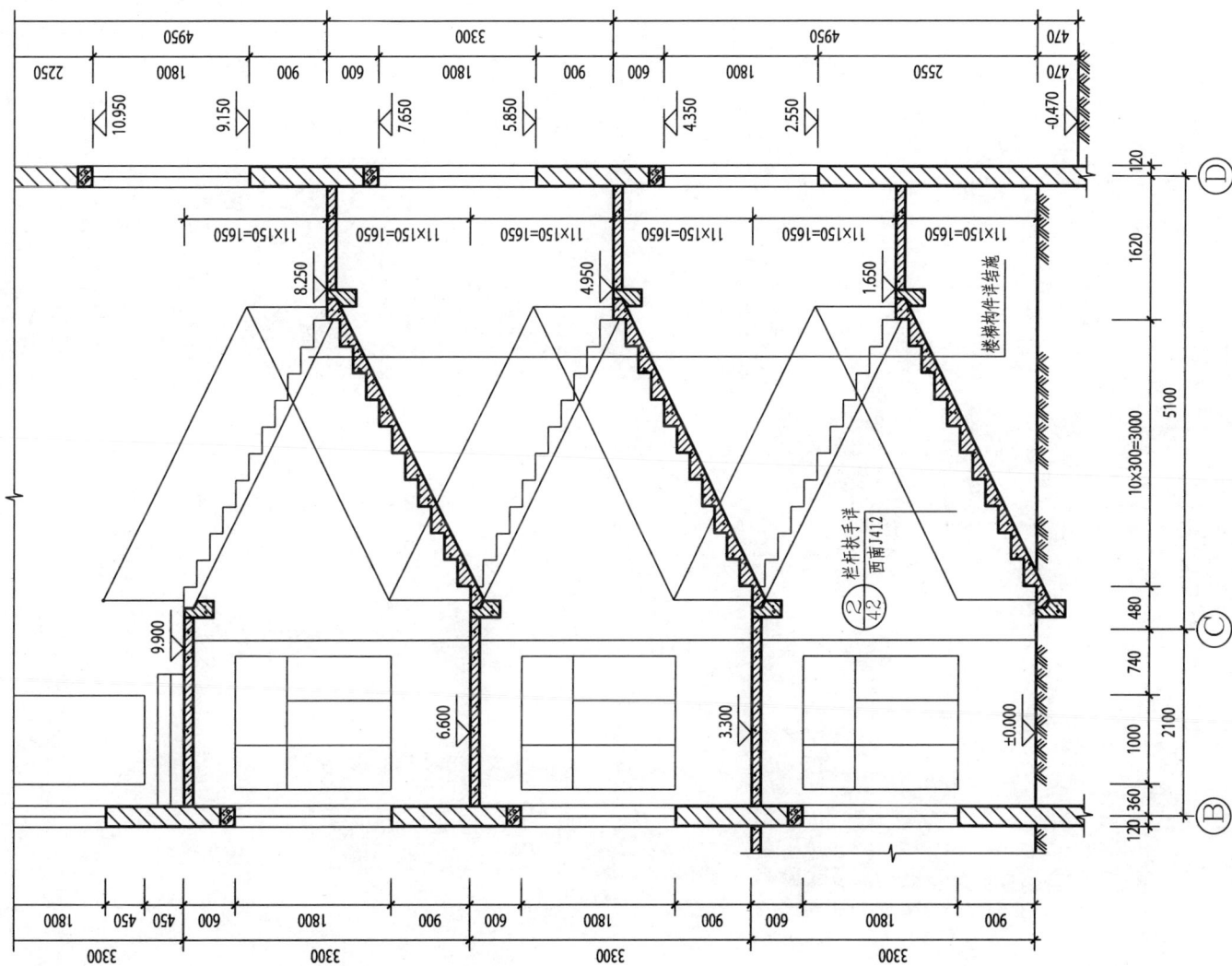

楼梯间1—1剖面图 1:50

1. 一套房屋施工图按用途不同可分为＿＿＿＿＿＿＿＿施工图、＿＿＿＿＿＿＿＿
　　施工图、＿＿＿＿＿＿＿＿施工图。

2. 建筑施工图由＿＿＿＿＿＿＿＿、＿＿＿＿＿＿＿＿、＿＿＿＿＿＿＿＿、＿＿＿＿＿＿＿＿、
　　＿＿＿＿＿＿＿＿和建筑详图组成。

3. 总平面图中新建房屋的层数标注在＿＿＿＿＿＿＿＿＿＿＿，一般低层、多层用
　　＿＿＿＿＿＿＿＿＿＿表示，高层用＿＿＿＿＿＿＿＿＿＿表示。

4. 建筑图中的尺寸除＿＿＿＿＿＿＿＿＿＿及＿＿＿＿＿＿＿＿＿＿以"m"为单位外，
　　其他一律以"mm"为单位。

5. 解释下列图例符号的含义

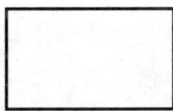

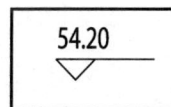

6. 建筑施工总说明的内容包括哪些？

7. 图名有何作用？在注写图名时要注意哪些规定？

模块六　房屋建筑图（二）　　班级　　　　姓名　　　　学号　　　　成绩

1. 建筑工程图中断开界线可以用_____来表示。

    A.粗实线   B.波浪线   C.中虚线   D.双点划线

2. 建筑平面图的外部尺寸，分有三道尺寸线，其中最里面一道尺寸标注的是_____。

    A.房屋的开间、进深

    B.房屋内墙的厚度和内部门窗洞口尺寸

    C.房屋水平方向的总长、总宽

    D.房屋外墙的墙厚及门窗洞口尺寸

3. 建筑详图所画的节点部位，应在有关的建筑平、立、剖面图中绘出_____。

    A.索引符号   B.详图符号   C.详图名称   D.详图编号

4. 绝对标高是从我国_____平均海平面为零点，其他各地的标高都以它作为标准。

    A.青岛的黄海   B.舟山的东海   C.天津的渤海   D.西沙的南海

5. 为了图面的美观，立面图中对各部分的线型做了相应的规定。建筑外轮廓线应用_____表达。

    A.特粗线   B.粗实线   C.中实线   D.细实线

6. 建筑平面图（除屋顶平面图之外）实际上是剖切位置位于_____处的水平剖视图。一般来说，四层房屋应分别画出_____建筑平面图。当四层房屋的二、三平面布置完全相同时，可以只画一个共同的平面图，该平面图称为_____平面图。

7. 在建筑平面图中，横向的定位轴线应用_____表示，从_____至_____依次编写；竖向定位轴线应用_____表示，从_____至_____依次编写。

8. 简述总平面图中的标高和建筑平面图上的标高的区别。

<table>
<tr><td colspan="2">模块六　房屋建筑图（三）</td><td>班级</td><td></td><td>姓名</td><td></td><td>学号</td><td></td><td>成绩</td><td></td></tr>
</table>

1. 将下列图例的名称填写在横线上。

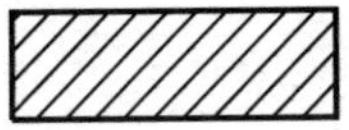

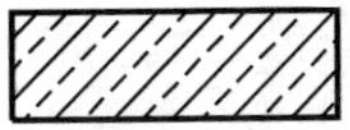

_____   _____   _____

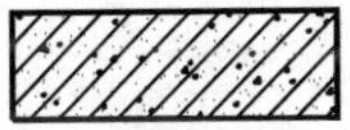

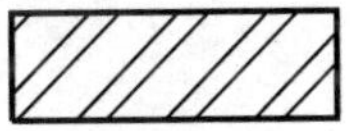

_____   _____   _____

2. 图纸上标注的比例是1∶100时，则图纸上的10mm表示实际的_____长度。

    A. 10mm   B. 100mm   C. 1000mm   D. 10m

3. 施工平面图中标注的尺寸主要数量没有单位，按照国家标准规定单位应该是

    _____。

    A. mm   B. cm   C. m   D. km

4. 下列立面图的图名中错误的是_____。

    A. 房屋立面图   B. 东立面图

    C. ⑥-① 立面图   D. Ⓐ-Ⓕ 立面图

5. 在梁和柱中箍筋的作用有哪些？

6. 绝对标高和相对标高的区别是什么？通常建筑平面图中采用的是哪一种？

模块六　房屋建筑图（四）	班级		姓名		学号		成绩	

1. 在建筑施工图中，M代表_____。

    A.窗   B.墙   C.梁   D.门

2. 在建筑施工图中，C代表_____。

    A.门   B.窗   C.梁   D.柱

3. 建筑施工图中定位轴线端部的圆用细实线绘制，直径为_____。

    A.8~10mm   B.11~12mm   C.5~7mm   D.12~14mm

4. 建筑平面图中的中心线. 对称一般应用_____。

    A.细实线   B.细虚线   C.细单点长划线   D.细双点划线

5. 下列拉丁字母中，可以用作人定位轴线编号的是_____。

    A.L   B.I   C.O   D.Z

6. 关于标高，下列_____的说法是错误的。

    A.负标高应注"-"   B.正标高应注"+"

    C.正标高不注"+"   D.零标高应注"±"

7. 填充不得穿越尺寸数字，不可避免时，应该是_____。

    A.图线断开   B.二者重合   C.省略标注   D.前述均可

8. 指北针符号，圆用细实线绘制，圆的直径正确的是_____。

    A. 20mm   B. 22mm   C. 24mm   D. 25mm

9. 标出下列符号的名称以及含义。

| 模块六 房屋建筑图（五） | 班级 | | 姓名 | | 学号 | | 成绩 | |

1. 试简述建筑详图的特点。

2. 民用建筑由哪些主要构件组成?

3. 楼梯是由哪几部分组成? 楼梯详图包括哪些?

| 班级 | | 姓名 | | 学号 | | 成绩 | |

参考文献

[1] 王强，张小平. 建筑工程制图与识图习题集（第二版）. 北京：机械工业出版社，2010.

[2] 罗康贤. 建筑工程制图与识图习题集. 广州：华南理工大学出版社，2008.

[3] 张郁. 土木工程制图习题集. 北京：北京理工大学出版社，2010.

[4] 卢传贤. 土木工程制图习题集（第四版）. 北京：中国建筑工业出版社，2012.

[5] GB/T 50103—2010，总图制图标准.

[6] GB/T 50105—2010，建筑结构制图标准.

[7] GB/T 50001—2010，房屋建筑制图统一标准.

[8] 唐人卫. 画法几何及工程制图习题集（第三版）. 南京：东南大学出版社，2013.

参考文献